U0175762

愿你在这里遇到自由、
自律、不慌不忙、
温柔而坚定的自己。

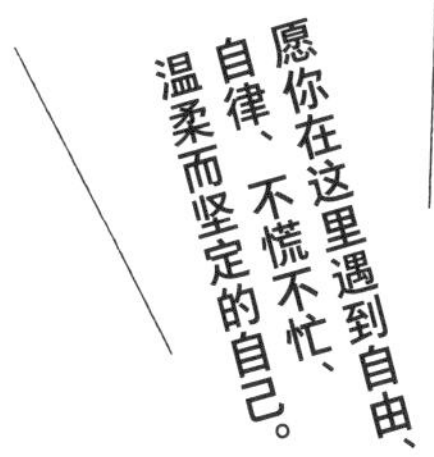

我，独自生活

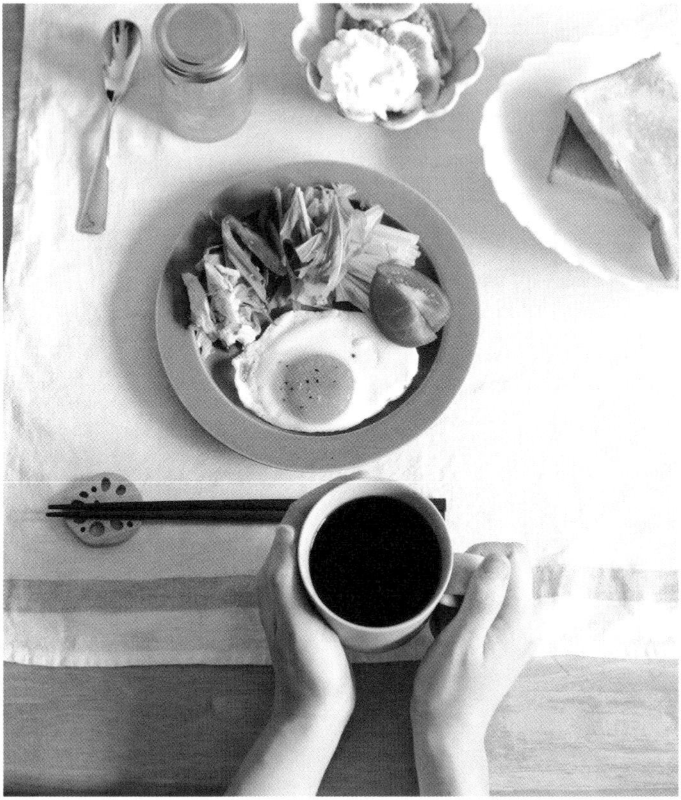

〔日〕Shoko 著
王菲 —— 译

山东人民出版社 · 济南

SHARP

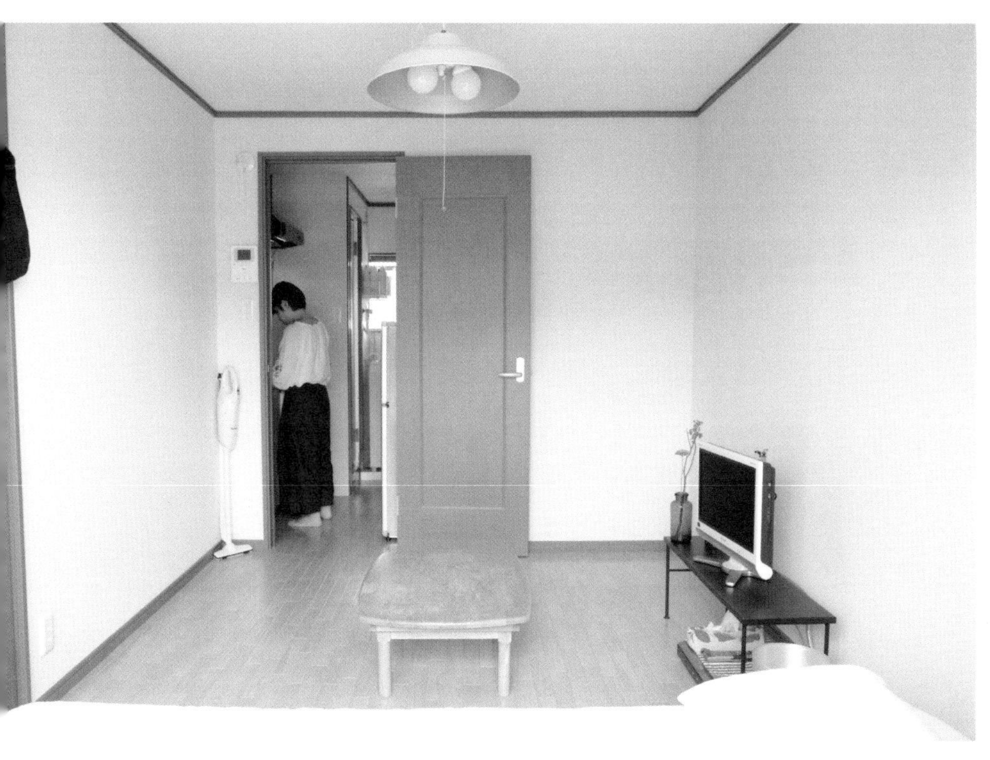

一个人生活

瞄准极简主义，我从在社交平台上第一次投稿到现在，数年时光转瞬即逝。“这正是我憧憬的生活风格！”平台上不乏这样的溢美之词。然而，我曾经的生活完全不是如今这个样子。

房间角落里堆满了杂志、图书等，想着总有一天会穿却连一次袖子都没有套过的衣服，以及以为早晚会用到而囤积的数不清的护肤试用品……

之前的自己，完全就是什么都不舍得放手的“物质主义”派。物品多到不知该从何下手，因此房间也就不怎么收拾，阳台、玄关甚至根本都没有打扫过。

进入社会工作后的两年间，因为和朋友合租，所以我开始学做家务。虽然只是做些力所能及的事，但是与学生时代相比，每天忙忙碌碌，没有可以喘息的机会。

直到搬进六张榻榻米（约10平方米）大小的一厨一室公寓，以及浏览到本多沙织女士的博客后，我才开始萌生想要过上

“简单生活”的念头。

利落的房间、简单的生活……“我也想过上简简单单又从容不迫的生活！想要享受一个人的时光！”这样想着，我便开始在社交平台上记录自己断舍离的生活日记。

重新审视生活，等缓过神来，我才发现自己对物品取舍的方法以及如何利用时间的观念有了很大的改变。

经常听朋友说：“好想过Shoko那样的生活啊，可是学不来。”仔细想想，其实自己也没做什么特别的事情。

离开父母的十年间，我经历了很多，也体验过失败，但正是在无数次这样的反复历练中，才终于寻觅到属于自己的生活风格。

这本小书从衣橱整理、打扫收纳，到讲究的调味品、防灾用品，将我生活的方方面面全部公开。

虽然是极其普通的白领生活，但是若能为偶然读到这本小书的你过上更满意的生活助一臂之力，我会感到很开心。

Shoko

目 录

第2章 简单却美味：一日三餐

第3章 有效利用：厨房角角落落

第4章　狭小却一目了然：物品收纳术

第5章　私家时尚与美容：主题严选

第 6 章 “每日一点点”：清洁整理术

第 7 章 将小兴奋播撒到日常

房间布局

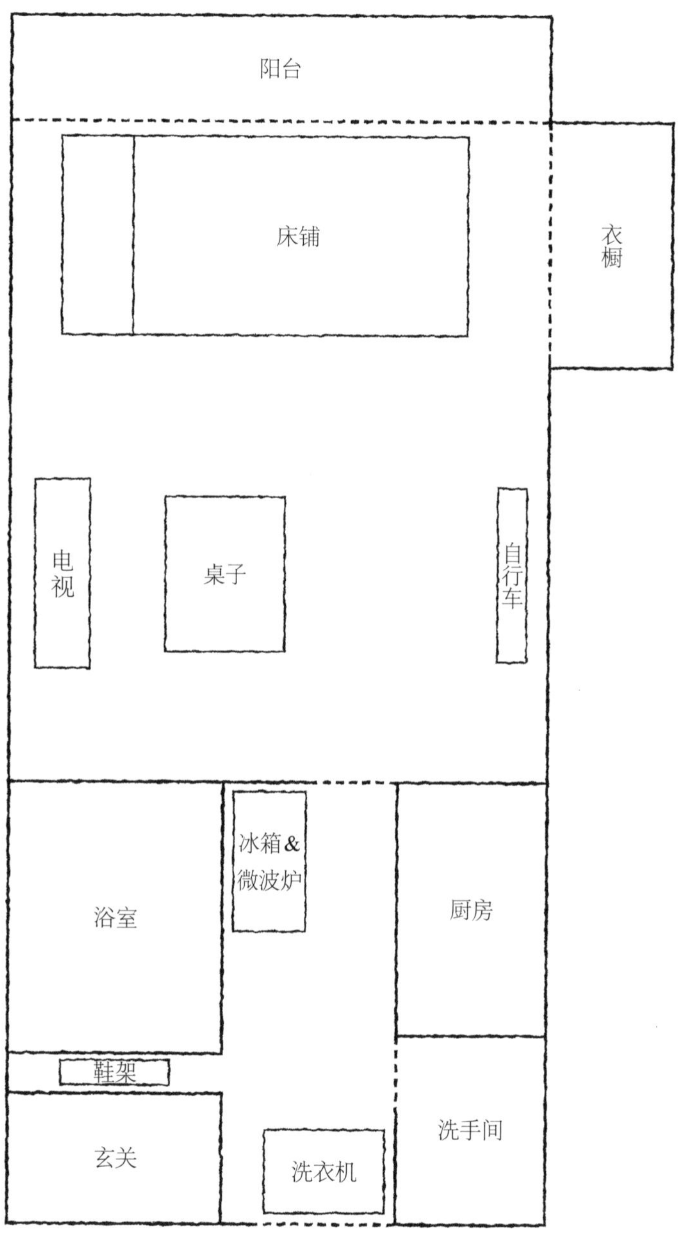

第 1 章

乐享精致：一个人生活

家具少的话，不仅方便打扫，而且因为收纳空间有限，物品不会过度增加，随时可以保持空间利落清爽。

Room layout

家具最少化，露出地板来

六张榻榻米大小的房间，绝对称不上是大格局。但是看到整洁利索的房间后，很多人往往会大吃一惊："完全看不出来只有六张榻榻米大小！"这也许就是将家具最少化，露出大块地板来的缘故。

我的房间里主要有床铺、桌子、电视柜、衣橱、自行车，没有抽屉柜，零碎物品全部放入衣橱。家具尽量选择较低的，这样可以让狭窄的房间看起来比较宽敞。

刚搬家时，我也有过置办书架和收纳柜的打算。不过在找工作的时候，既没时间也没钱，在与少量的必需家具的相处中，渐渐发现，没有多余的家具也并不妨碍正常生活。

瑜伽垫能同时坐三个人，质地柔软，坐上去腿脚不会痛，舒展筋背时也可以用。不用时就折叠起来放在床铺下面。

没有沙发也能放松

我家没有沙发，也没有待客用的坐垫。

偶尔有客人来家里时，我就将可折叠的瑜伽垫展开，代替垫子使用。

之前家里也有过沙发，但我想要稍微休息时坐着坐着就睡着了，要么一坐下来就不想起身，要么沙发成了堆放换洗衣物的地方，结果便是让自己一路懒散，变得吊儿郎当的。

现在，我想要放松的话，就铺上瑜伽垫躺下来，或背靠床铺，或直接坐在床边读书，等等。

“能不能用手头的东西代替某种物品使用呢？”稍微考虑一下的话，就会发觉不用把很多东西都买回来。

白色、灰色亚麻质地的物品不会干扰视觉。出门前只需稍微整理，回家后就会感到很放松。将被子抻平，四角一旦舒展开，被子就不会皱皱巴巴的了。

Room layout

将窗边“特等席”留给床铺

将房间中通风最好、向阳的窗边位置留给床铺。

我每天坚持早起，可还是不习惯，好不容易挣扎着坐起来，却睡眼惺忪。然而一旦打开窗子，沐浴晨曦与微风，起床好像也没那么难了。把床铺安置到窗边时，注意不要占用通往阳台的过道，确保留有适当的距离，也不要影响旁边衣橱的开关。

挑选质地厚实的窗帘，冬天就不会冷得睡不着。睡觉时身子下的床铺会因吸汗而变潮湿，放在通风较好的窗边的话，这个小烦恼就可以轻松解决掉。

给墙壁点缀上干花

窗台、玄关、电视柜都摆有花瓶。干花束散发着一种成熟的味道，不管放在哪里都很搭。

每隔两三个月，跟随季节变迁的脚步，我都会去一趟名古屋鹤舞公园附近的干花专卖店“某一天”，细细斟酌挑选，算是对自己的一种小小犒劳。

之前也买过鲜花、空气植物等，但因不善照料，它们全都枯萎了。换作干花的话，我就用不着浇水（常常会忘记）或清洗花瓶了。

将干花悬挂起来点缀在墙壁上，或装饰在花瓶里，方法多种多样。

虽然不需要怎么照料，但是曝晒的话干花很容易褪色，所以要注意摆放的位置。

如果不能经常去买花或无法勤于打理，但又想用花朵来装点房间的话，干花的确是个不错的选择。

除了盛放主菜的盘子，摆上些小碗小碟的话，能让普通的饭菜看起来很美味。毕竟只是一人食，洗刷任务并不重。

Table

一个人吃饭也要摆上盘子

去装潢时尚的咖啡店或者餐厅时，食物的美味诱人自然不用说，餐具也很精致可爱，从菜品端上桌到享用，你是不是会一直充满期待呢？

“一个人在家吃饭也想让餐桌变得有趣！”当萌生这种想法的时候，我就开始讲究餐具了。

当然，只用一张盘子也没问题，清洗起来很简单。可是，如果将食物特意分开的话，就要考虑餐具的形状或颜色，以及如何搭配，料理也会随之变得有意思起来。

现在，陶艺是我的爱好之一。亲手制作自己喜欢的器皿，甚至为了寻找合适的餐具而专门跑去大阪或东京。手捧心仪的餐具时，连普通的饭菜都感觉变得更可口了呢！

专为自己泡一杯咖啡

Comfortable

手动咖啡磨豆机是传统款式，从上面放入咖啡豆，磨碎的咖啡粉盛在下方的抽屉里。热水壶也选择了方便注水的咖啡专用款式。

WECK家的玻璃瓶不会沾留饮品的颜色，清洗起来一点儿也不费事，我很喜欢。

今年过生日时，朋友送给我一台Kalita家的手动咖啡磨豆机，这是我一直想入手的，真是太感谢了！

配齐手泡咖啡的材料，憧憬已久的咖啡时光就此开启。我起初也为收纳空间苦恼过，但好在手动咖啡磨豆机等都是一人份或两人份的尺寸，并不怎么占地方，平时就放在冰箱上面。冰镇咖啡可以放一两天，所以每次做三杯的量，盛在WECK家可密封的玻璃瓶里保存。做完家务或早上出门前，为自己精心磨豆、泡一杯咖啡，可谓一种小小的奢侈。

此外，旅行时寻找并购买合自己口味的咖啡豆，也成了一件乐事。

如果吃不惯生奶油，推荐你尝试一下无水酸奶。给薄烤饼抹上无水酸奶，再淋上蜂蜜，就是当下流行甜品。

Hand-made

最近沉迷无水酸奶

无水酸奶经常在我的社交平台上“露面”，其实就是控除水分后的浓醇酸奶。准备好滤筛和小盆，将用厨房餐巾纸包起来的酸奶放进去，裹上保鲜膜，放上一晚，即可大功告成。

虽然做法很简单，但是做好的无水酸奶味道犹如马斯卡邦尼奶酪般醇厚。

无水酸奶直接食用就很美味，还可以代替生奶油抹在薄烤饼上，也可以取代水果三明治里的奶油或生芝士蛋糕里的奶酪。

只需用滤筛控掉水分
从酸奶里渗出的水分称为“乳清”，营养丰富，既可直接饮用，也可当作美容面膜。

奶油满溢的水果三明治

清爽可口的生芝士蛋糕

（上）苹果酱。将苹果洗净去皮，切成小块，用砂糖熬煮，再加入柠檬汁，果酱味道酸甜爽口。（下）苹果派。用买来的派皮包上苹果酱直接烤制即可。

偶尔心情好的话，我也会根据季节做一些应季果酱。自己动手的话，果酱甜度或者果块大小都可以根据个人喜好自由调整。果酱可用来做三明治或苹果派。

虽然做不出来太考究的食物，但想起母亲经常给自己做点心的往事，就觉得为了自己而精心制作食物的过程正是一种治愈和享受。不管怎么说，亲手制作的食物最美味。

品茶休憩时，读读书，浏览浏览网页，再轻松惬意不过。

我经常在社交平台上上传“#元气满满的清晨”主题照片，记录自己一个人丰盛的早餐。这正是一天的活力之源。

一日之计在于晨

清晨早点起床，洗洗衣服，做做扫除，享用早餐，冲杯咖啡。出门前用扫地机迅速打扫一下卫生，将房间整理利索后再离开，已成了习惯。

之前我总是赶在出门前匆匆起床，只能简单化个妆，早餐就喝点酸奶了事，脑袋还没有清醒过来就去上班了。慌里慌张之下，经常容易落东西。

开启“朝活”（清晨活动）模式后，起床后便做家务，自然而然就会觉得肚子饿。早起一点点，无论身心还是时间都会很充裕，有意义的一天也会就此展开。

#元气满满的清晨

玄关整洁放第一

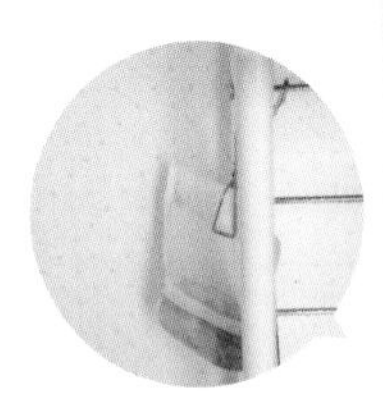

咖啡豆除臭剂，悬挂在金属挂钩上。

Decorate cute

鞋架上的小物件，手表也放在上面。

我特意选了不带门的简洁鞋架，扫一眼就知道自己现在有哪些鞋子，非常方便。

若想房间简洁，平日里尽量注意不摆放像卡通形象那种存在感较强的物品。但是，玄关处一定会用自己喜欢的小物件装饰。当疲惫的自己回家时，打开门就能看到小可爱们仿佛在欢迎自己，顿时长舒一口气。

鞋架就放在门口，与卧室没有隔断，我自然会比较在意鞋子的味道，便将使用过的咖啡豆干燥后，用茶包装起来，挂在鞋架后面隐蔽的地方。

之前在工作室听说咖啡豆有除臭效果，一试果然如此。打开家门，咖啡豆醇香的味道迎面扑来，安心又享受。

不锈钢铁皮桶里放的是空气植物——松萝凤梨。将它每月一次放在水里浸泡六个小时，平日里就不用再浇水。

一天里想要去无数遍的阳台

我刚搬进来时，阳台已被打扫得一尘不染。落叶、垃圾，甚至连排水道里的水垢都没有。

打开窗子通风，或晾晒衣物时，渐渐察觉：阳台能让心情变得很舒畅。

起初打扫阳台，无非就是想要保持一个较好的晾晒衣物的环境。微风轻拂的傍晚，打开窗子，坐在床边，边探出双脚边品咖啡，或走到阳台上，眺望天空，想想事情……

不知不觉中，阳台就不单单是晒衣服的场所，更是我生活中不可或缺的宝贵空间。

Room layout

目光所及处统一用白色

浴室套装

洗发水之类全都从原包装里换到白色的瓶子里。

Makita家的无线扫地机

充电器放在衣橱里。

Simple

洗手间

不铺地毯，呈现一种清洁感。

水槽周围

厨房也统一用白色。

在自我风格定型之前，东南亚风、复古风、咖啡馆风都被我半懂不懂地轮番搬进房间，结果似是而非，风格一塌糊涂。所以当打算搬家时，我就下决心打造一间“白色”主题的简适房间。

环视房间，扫地机、电视机、电风扇等家电，浴室、洗手间中的日常生活用品，都是统一的白色。白色物品不会凸显自我的存在感，也不会干扰空间，并且与墙壁的颜色和谐统一，丝毫没有违和感。在家具家电相同的情况下，白色物品一眼就能被看到，并且散发着一种清洁感。白色物品沾染上污渍虽然很显眼，但正是督促自己勤于打扫的动力。

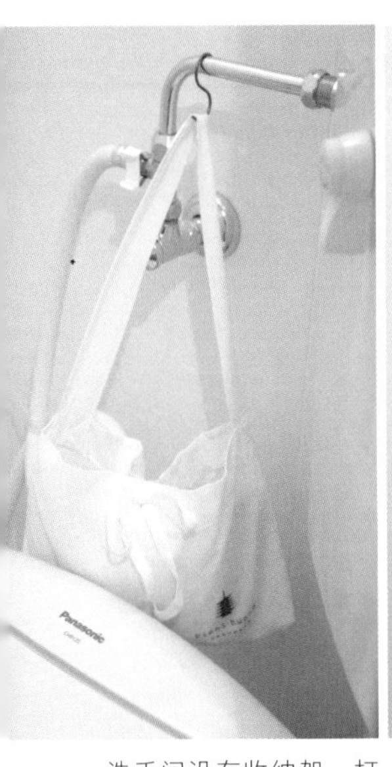

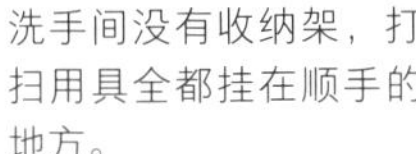
洗手间没有收纳架，打扫用具全都挂在顺手的地方。

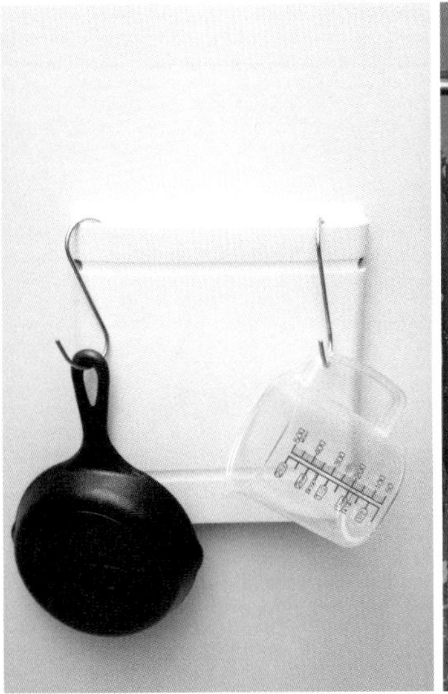
水槽下方橱门后放置刀架的地方，用S形挂钩收纳小号平底锅及计量杯。

无印良品的布制小物收纳袋纵向悬挂，节省空间。

学会分散式悬挂收纳

一个人住单身公寓会有很多烦恼，其中之一就是："收纳空间不够啊！"我也不例外。除了衣橱和水槽下方的柜子，房间里并没有其他多余的收纳空间。虽已精减掉很多物品，但空间终究有限。

为了解决这个问题，我选择了"悬挂收纳"。S形挂钩或夹子都可以，水槽周边、衣橱、洗手间、玄关等等，都能使用。

想要悬挂收纳的东西比较多时，就要优先考虑"使用频率"，比如，水槽上方的话我一般挂勺子、锅铲、取物夹。厨具使用次数多，相应地就需经常清洗，如此悬挂收纳，就无须担心油花飞溅，做饭时也不用做无用功（比如打开水槽下的柜子特意翻找等）。

第 2 章

简单却美味：一日三餐

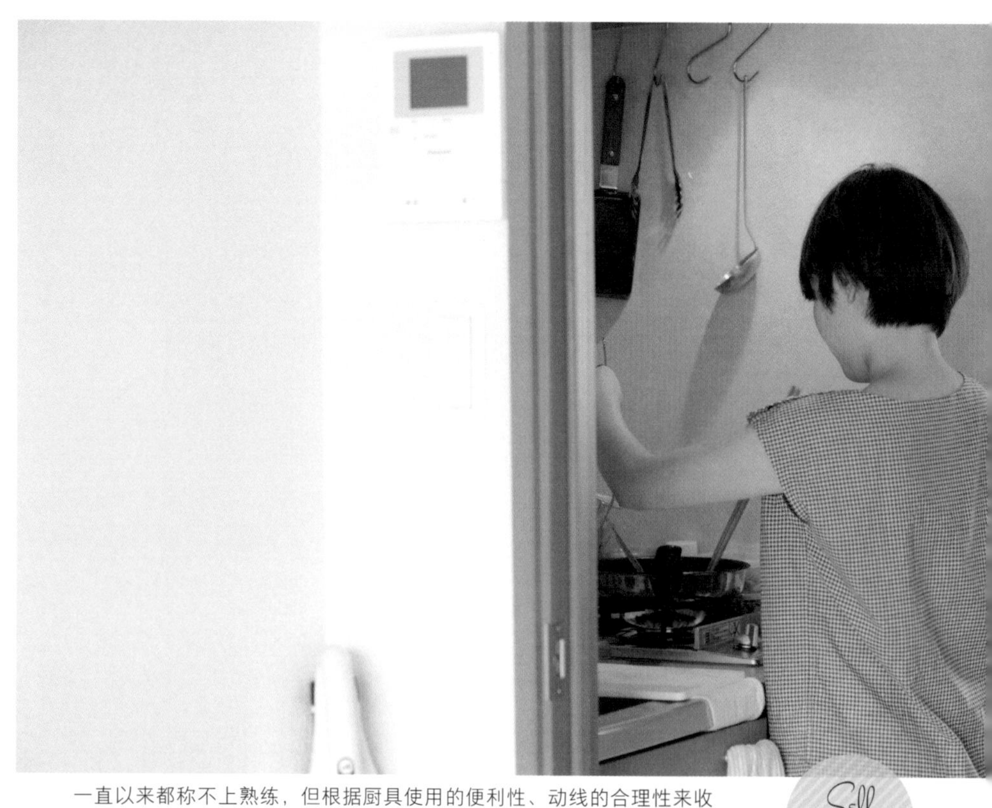

一直以来都称不上熟练，但根据厨具使用的便利性、动线的合理性来收纳或随时调整，我现在做饭时基本能做到有条不紊。

Self catering

自己做饭，起初为省钱，现在是享受

晨起，我先给冲咖啡的热水壶注上水，放到煤气灶上打开火，然后着手准备早餐。

傍晚，结束一天的工作回到家里，清洗干净便当盒后开始张罗晚餐。吃完饭后洗刷餐具，准备第二天的早餐，烧烧茶水……

即便一天无所事事，厨房总是绕不过去的。

刚开始自己做饭只是出于节约，现在要么是挑战新口感，要么是重温母亲或祖母教给自己的老家味道，要么是尝试朋友分享的菜谱，完全成了发现多多且享受的料理时光。

邀请朋友来家里吃饭，也是日常乐事之一。

因为可以放上一段时间，所以常备菜可以提前做好，用来装点便当或留着改天再吃，都是不错的选择。考虑到味道会因渗透而变咸，调味时淡一些比较好。

One week menu

提前做好，巧对平常

早上刚起床，我既要做早餐又要准备中午的便当，结束工作回到家后还要做晚餐，听着就觉得忙得够呛。其实，只要平日里准备一两种副食常备菜，吃饭时只用做主菜，料理的时间就会大大缩短。

连续几天饭菜都一成不变的话，你可能会吃腻，所以一次不要做太多，两三天的量就足够。同一种食材可以分成若干小份，用到两三种菜品中。

我经常做的常备菜有卤蛋、金平牛蒡丝、小沙丁鱼大豆佃煮等。有了常备菜，平日里自己的时间会充裕很多。休息日也常出去吃饭。

胡萝卜丝炒鸡蛋（冲绳乡土料理）

胡萝卜用刨丝器刨丝，和鸡蛋一起翻炒后，用味噌调味。刨丝器便利省时，胡萝卜丝小火便能炒熟。它可以代替三色丼里的炒鸡蛋使用。

棒棒鸡

把抹过酒的鸡胸肉放入耐热蒸器，用微波炉加热直至熟透，趁这个空隙，将黄瓜切成丝，最后将两者用麻汁拌匀即可。夏天不怎么有食欲的时候，用它搭配沙拉乌冬也很美味。

每天吃都不觉腻的经典菜

常备菜做起来省时又快捷，只用面汁（用出汁、酱油、味醂、砂糖等制成的调味汁，日式料理中经常用到）或调味料，便能够自由调味。这样做万无一失，每次做出来的口感都一样。

现在做菜大多凭感觉，但刚开始一个人生活时，我连一样拿手菜都没有，买了很多料理书“充电”。有时会偷偷想：“我做的菜应该能端上台面了吧！”

常备菜每周都做的话，很容易一成不变，长此以往，容易造成偏食。选择应季食材变着花样做最好。

牛肉牛蒡甘辛煮

用很容易剩下的牛蒡来做，将它盛在米饭上，再磕一个生鸡蛋，俨然“寿喜烧风丼”。

卤蛋

将水煮蛋用面汁浸渍一晚即可，做起来轻松不费力。做炒鸡蛋太费事，卤蛋也可以装点便当。

金平牛蒡丝

这道菜是万能常备菜。牛蒡和胡萝卜稍微切厚一点口感更好。

小沙丁鱼大豆佃煮

既可单吃，也可和刚出锅热乎乎的米饭拌着吃。

图中的食材是我一次采购的量。用这些食材能做足够一周食用的五六道常备菜，所以平时在做饭上不用花太多时间，还能防止食材放坏被白白丢弃。

A process

周末统一采购，一口气料理

食材一般是周末空闲的时候，我去早市统一购买，每次做的常备菜份量以2—3天所需的量为准。

菜品由我在超市看到的食材决定，偶尔会稍作调整。因为我只会做些简单的东西，所以五六道菜品的食材选购通常在一个小时或一个半小时内就能迅速搞定。

周末除了准备常备菜，我还会买一些做炸鸡块用的冷冻鸡肉，蒸些米饭分成小份冷冻起来，将做沙拉用的水菜（日本芜菁）切好装入容器保存，并将西红柿切块备用等。周末稍微下点工夫收拾好食材，以便随时直接拿来使用。

我一般一次做两三天的菜品，周三或周四再补充一两样菜，偶尔也会在外面吃饭，所以用这些足够应对平常。

提前做好，轻轻松松

提前做好
将常备菜单独放入保鲜容器。

展开

采购
使用环保购物袋。

早餐
使用常备菜里的金平牛蒡丝。

午餐（便当）
只需放入烤鲑鱼、常备菜里的牛肉牛蒡甘辛煮等即可。

晚餐
主菜是照烧鲕鱼，小碟里的蜂蜜渍西红柿梅肉是补充的常备菜。

补充常备菜
蜂蜜渍西红柿梅肉。西红柿用热水烫后去皮，梅肉去核，切碎后用蜂蜜腌渍。

与玻璃容器相比，塑料容器一旦染上污渍就很难清洗，所以我每月用漂白剂浸泡1—2回。塑料容器虽然是廉价物品，但是注意保养的话，也能用很久。

Plastic container

选择能够叠摞的保鲜容器

常备菜一般放保鲜容器内，蔬菜、鱼、肉等需要冷冻时，则分成小份放入可封口塑料袋保存（开始冷冻的日期可以直接写在袋子上）。

保鲜容器既有十年前买来后一直使用的玻璃容器，也有在百元店里买的塑料制品。

我曾经很憧憬陶瓷容器，但是放进常备菜后，无法一眼看到里面放了些什么，所以最终选择了透明的容器。

塑料的保鲜容器，不管盖子还是容器本身都能够叠摞，即便空间再狭窄，也能够轻松收纳（右图）。另外，同一类容器摆在冰箱里时会显得很整齐利落。

Shopping

粉类物品用起来很慢，面粉就买150克的。分量少的话，不但用起来没有压力，而且不会因湿度、气温的变化造成过多浪费。

蔬菜、调味品少量不浪费

刚开始一个人生活时，调味料总是买大份的，蔬菜也经常大袋大袋地买。结果呢，吃不完的蔬菜白白腐烂掉，酱油过期变质，大部分食材还没有来得及使用就不得不丢弃，既觉得可惜又感觉自己好失败。

现在，蔬菜单个单个地买，带叶青菜类的也只买小份的，调味料就买迷你尺寸的，这样通常食材都能在过期之前全部用完。

这样一来，再也没有用不完就丢掉的情况了。虽然性价比不是很高，但是趁食材新鲜时用完的话，我也就不会感觉花冤枉钱了。而且，小份物品不会占用太大空间，冰箱里不会显得挤挤攘攘的。

马上就能上桌的美味晚餐

周末如果不太忙，倒也可以做点复杂的菜肴犒劳一下自己。平日里的话，结束工作回到家还要张罗晚餐，真是很累。

如果想回家后15分钟到半小时内吃上晚餐的话，那么就要注意料理时间的把握。

夏

Summer

沙拉乌冬

材料→冷冻乌冬面、西红柿、水菜或黄瓜、煮好的鸡胸肉、水煮蛋（卤蛋也可）

调味→麻汁配面汁，或麻汁配柚子醋

乌冬面煮熟后过凉水降温，控除水分。把鸡胸肉换成薄片猪肉的话，口感会更好。

牛油果金枪鱼朝鲜风拌饭

材料→牛油果、金枪鱼、生蛋黄

调味→牛油果和金枪鱼切成一口大小，拌上买来的烤肉酱汁及麻汁。

这道菜整个制作过程都不用开火，适合炎夏时食用，也可搭配纳豆一起吃。

晚餐基本上使用常备菜，需要做的只有主菜。食材通常是前天晚上或早上提前调味或切好的，只用煎炒烧煮就行。我会根据季节使用当季的蔬菜等食材（不过现在的蔬菜不分季节，随时都能买到）。

我经常会做些一个碗或一张盘子就能搞定的盖饭或者面食。

夏天尽量不用明火，即便因为酷夏没有食欲，也会尽量做些有助消化的清新爽口的饭菜。冬天时经常做火锅等美食，或在菜品中放些生姜，可以暖和身子。

生火腿拌无花果沙拉

材料→生火腿、马苏里拉奶酪、无花果
调味→淋上橄榄油，撒上盐胡椒、黑胡椒
无花果的甘甜正好可以将生火腿的咸香诱发出来。

玉米饭

材料→玉米一根、大米（300克）
调味→盐少许
将玉米粒剥下来，玉米芯本身较甜，扔掉太可惜，可以和大米一起煮（放少许盐）。根据个人口味放入黄油或酱油之类的调味，搅拌均匀后即可享用。

素面

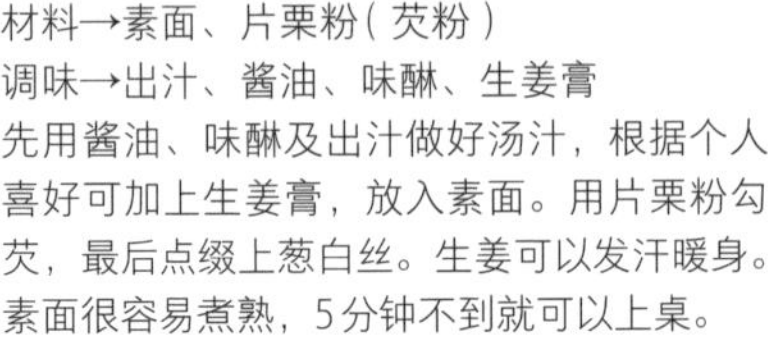

材料→素面、片栗粉（芡粉）
调味→出汁、酱油、味醂、生姜膏
先用酱油、味醂及出汁做好汤汁，根据个人喜好可加上生姜膏，放入素面。用片栗粉勾芡，最后点缀上葱白丝。生姜可以发汗暖身。素面很容易煮熟，5分钟不到就可以上桌。

一个人的小火锅

材料→鸡肉、白菜、大葱、金针菇、豆腐、胡萝卜和冰箱里剩余的蔬菜（有的话）
调味→做水煮火锅的话，用昆布（海带）做出汁，放柚子醋
白菜、大葱斜刀切，横断面越大，煮起来咕嘟咕嘟越易熟。剩下的汤汁可谓火锅浓缩的精华，第二天早上可以用它来做杂炊（烩饭）。

照烧鰤鱼

材料→鰤鱼片、大葱
调味→酱油、味醂、酒、砂糖少许
鰤鱼片用调味料腌渍上一段时间的话，煎烤时很容易烤焦或者发硬。祖母教给我的秘诀是先煎好鱼片再调味，这样做出来的鱼肉松软可口。

地瓜饭

材料→地瓜一个、大米（300克）
调味→盐、味醂
将地瓜切成一口大小，过水洗净后和大米一起蒸煮，地瓜本身的香甜融入米饭后，轻轻松松就可以品尝到当季的美味。

坚持用砂锅蒸米饭

米饭每周空闲时做1—2次，冷冻保存。砂锅是Kokon家的，有时会用它来炖煮，比起单把锅很省时。

我没有电饭煲，两年来始终只用砂锅蒸米饭。“砂锅米饭？”可能大多数人听到后的第一反应往往是觉得太难——不在旁边盯着就不放心。其实并不然，只要牢记步骤，半个小时就能蒸好。和电饭煲相比，砂锅没有保温功能，每次蒸300克米，盛到碗里分成五六份，冷冻保存。

说来有些惭愧，我刚搬家时因为手头没有多余的钱置办家具家电，便把老家没怎么用过的砂锅带了过来。后来朋友转让给我一个电饭锅，但结果一次也没用就放手了。

我用的鲣鱼节是高知县的特产“宗田节”。放入锅中煮沸后，再加入出汁料包，放置三分钟，带有鲣鱼节风味的出汁就完成啦！

Miso soup

味噌汤必不可少

夏天炎热时，我也想喝用出汁做的味噌汤。一个人生活，从头开始提取出汁的话未免太麻烦。多亏有出汁料包，我能轻松品尝到比出汁颗粒更富含风味的汤汁。

除了味噌汤，我也经常会做些只需用出汁调味的西红柿鸡蛋汤等简单清汤。一人份的汤汁很容易做多，将吃剩下的早餐装进保温瓶，中午和便当一起吃，或是点缀晚餐均可，总之不能浪费。

1小包出汁料可以做1—2碗味噌汤。左边是10包装，右边是12包装。

我几乎每天上班时都会带上便当。除了节省开支，还能减少外出就餐的麻烦，省下来的时间可以用来从容享受午餐时光。下图中BOULDER家的黄色保温汤杯是五年前买的，线条流畅，设计合理，放到包里很方便。

Bento

只需摆装的便当最持久

往便当盒里放入玉子烧（煎鸡蛋卷）、火腿、烤鲑鱼及常备菜，前后十分钟不到就能搞定。根据季节的变换，便当的搭配也会做相应调整。夏天将便当装入保冷袋，并配上保冷剂、冷冻果冻等，冬天则配上用保温汤杯盛的热汤等。

右图中的白色杯子是星巴克家的，保温保冷。便当用的筷子就是平时使用的，之前一直没有我看中的箸袋，就将筷子放在可封口塑料袋里。现在用的布制箸袋是朋友在三重县买给我的礼物，能包叉子或勺子，我特别中意。

日常便当

01

02

03

04

05

06

01 紫苏饭团（用拌饭素调味）、金平胡萝卜丝、日式土豆沙拉、卤蛋、生姜煎猪肉
02 米饭（用拌饭素调味）、烤鲑鱼、小葱玉子烧、羊栖菜煮毛豆、酱油砂糖煮南瓜
03 玉子烧、火腿、白米饭和盐渍昆布、金平胡萝卜丝、土豆沙拉、橘子
04 培根卷芦笋胡萝卜烧、狮头辣椒炒鲣鱼节、南瓜沙拉、火腿、布丁
05 沙拉意面、腌炒胡萝卜、芝麻盐拌菠菜、炒蔬菜（青椒是朋友自己种的）
06 南瓜沙拉、狮头辣椒炒肉丁、卤蛋、腌白萝卜干
生菜和小西红柿每次必放。有了常备菜，我基本不用买冷冻食品。

柚子村酱油

如果你受不了柚子醋的酸味，不妨试试这款柚子村酱油。柑橘香气浓郁，味道醇厚，我做火锅或煮豆腐时经常用到。

出汁黄金搭档——宗田节

倒入酱油，浸泡1—2周，出汁酱油完成！做冷奴（酱油淋凉豆腐）、生鸡蛋拌饭时都能用。随用随补，可以使用一年左右。

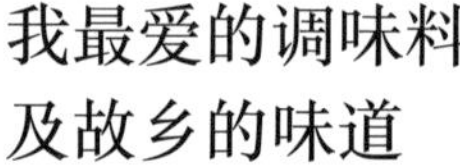

我最爱的调味料 及故乡的味道

图中的味噌和柚子村酱油都是自我小时候便熟悉的味道。富含出汁的调味料有很多，我做日餐时经常用到。

我曾尝试过很多其他种类的味噌和调味料，但都比不上亲切熟悉的味道。

一个人离开故乡在外生活，用故乡的调味料做饭时，吃起来安心又温暖。

添有土佐鲣鱼节及出汁的“瞬间美味”味噌

老家常用的“瞬间美味”牌味噌，提到味噌，除此无第二家。因其本身含有出汁，你时间不够或觉得麻烦时，直接将味噌放进开水里融化即可。

加有宗田出汁的胡萝卜调味汁

这款调味汁可以让人品尝到胡萝卜的爽脆。胡萝卜本身的涩味被宗田出汁巧妙掩盖，这款调味汁除了用作普通的调味料，也可淋在鱼肉上使用。

高知屋烤味噌

富含小块香菇、胡萝卜、牛蒡的香甜味噌。可搭配米饭，也可用来拌拍黄瓜、冷奴，或代替蔬菜沙拉的酱料使用，还可以用来制作田园风烧茄子等。

生鸡蛋拌饭御用——极上宗田节

比起普通的鲣鱼节，宗田节口感松软，入口即化。简单的一碗生鸡蛋拌饭，配上这款宗田节再奢侈不过。

蒜味酱油（自制）

一个人生活时，买的大蒜总是用不完。将多余的大蒜放入酱油中浸渍，给炸鸡块用的鸡肉调味，或做蛋炒饭时使用。

将盛有常备菜的保鲜容器直接放入便当袋，今天出去野餐啦！

第 3 章

有效利用：厨房角角落落

常用物品不刻意收纳

Kitchen

每天都要做饭的话，我首先希望厨房用起来便捷省事。

比如，食用油直接从原包装的瓶子里倒的话，要么一下子倒出来很多，要么瓶口变得黏糊糊的。这时，不妨将食用油换装到专用的小油壶里，使用时只需用附带的刷子涂抹即可（当然，炸东西等需要大量食用油时，可以直接从瓶子里倒）。

不怎么用的调味料放在冰箱或者水槽下方的柜子里。

另外，要想让厨房看起来比较宽敞，尽量不要把锅具、水壶之类的放在煤气灶上，料理台注意随时整理。

如果在意煤气灶周围的油迹，每次做完饭后，记得用抹布轻轻拂拭，这样污渍就不会日积月累以致最后令我伤脑筋了。

要想提升自己做饭的动力，时刻记得做完料理后把厨房收拾干净。

不锈钢餐具筒耐热易清理，料理时用的筷子、木铲等常用小物放在里面。

盐胡椒和黑胡椒瓶只用把外包装纸揭掉，将砂糖和盐换装到WECK家的密封瓶子里。

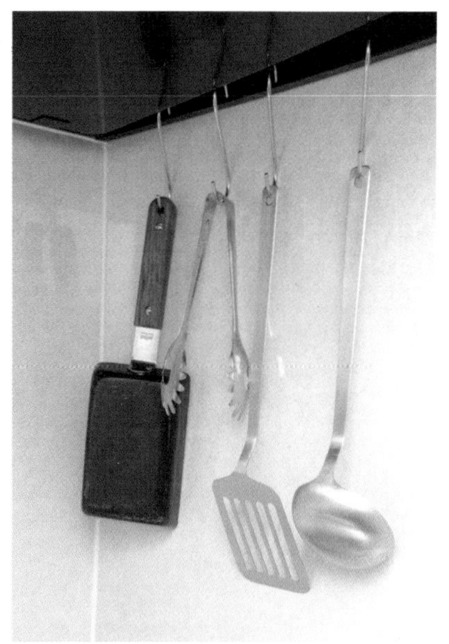

抽油烟机的边缘挂上若干细长的S形挂钩，用来挂勺子、铲子等。不适合放在餐具筒里的大尺寸餐具也挂在这里。

因为经常做日餐，所以把酱油、味醂、酒等常用调味料换盛到成套的专用瓶子里，放在水槽一角，最右边是食用油。

用水处巧借悬挂保持卫生

Sink

水槽上尽量什么都不要放，
想用的时候立马就能用。

用水处采用悬挂收纳。

悬挂的话，既省空间又不碍事，案板、棕榈刷、海绵擦等可以快速晾干，也显得卫生。

如果想使厨房看起来整洁利索，尽量选择白色或自然色、设计简约的物品。

上图左角处的餐具清洁剂只是揭去了外包装，但视觉效果显然不同。

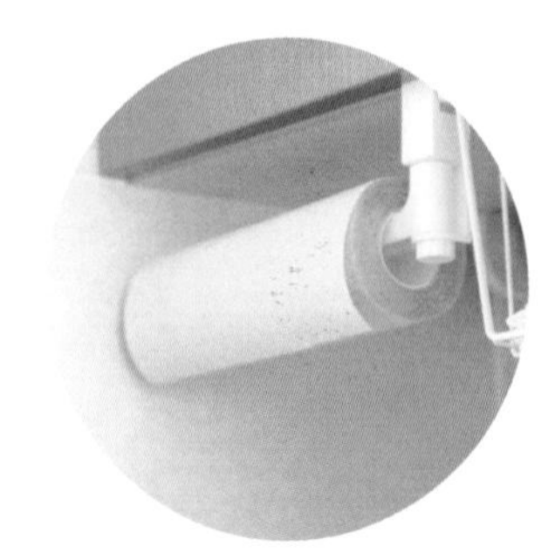

厨房用纸架悬挂在吊橱下方，架子左端刚好抵着墙壁，比较牢固，使用时它从没有因用力过猛而脱落过。

控水架

在Nitori家买到的可滑动控水架。Nitori家出售很多适合一个人生活用的便利物品。

案板

案板轻便结实，用来切肉或蔬菜很方便，为了保持光洁，需要时常漂白。

洗刷用的海绵擦

海绵擦很容易繁殖细菌，尽量不要倒扣着放，能迅速晾干最好。

打扫小工具

白色篮子里放的是咖啡机专用刷子，打扫水槽用的树脂海绵也放在里面，旁边是棕榈刷和清洗随手杯的刷子。

食材切好后直接放在案板最里面，案板和煤气灶中间的位置用来放碗或盘子，方便料理。

Cutting board

玩转狭窄料理空间

提到一个人生活住的房间，大多数人可能会认为：厨房狭窄，做饭时不大自在。

我的厨房空间绝对称不上宽敞，甚至没有放案板的地方。

刚搬进来时，我本打算买一个放案板的操作台，可惜的是连摆操作台的空间都没有。最后，我将水槽上的控水架横着摆放，把案板直接竖着架在了水槽上。用刀切食材时，案板会滑动，往下面垫上一块抹布的话，这个小问题就可以解决掉。

厨房空间虽然狭窄，但是做一个人的饭菜绰绰有余，现在并没有感觉不便的地方。

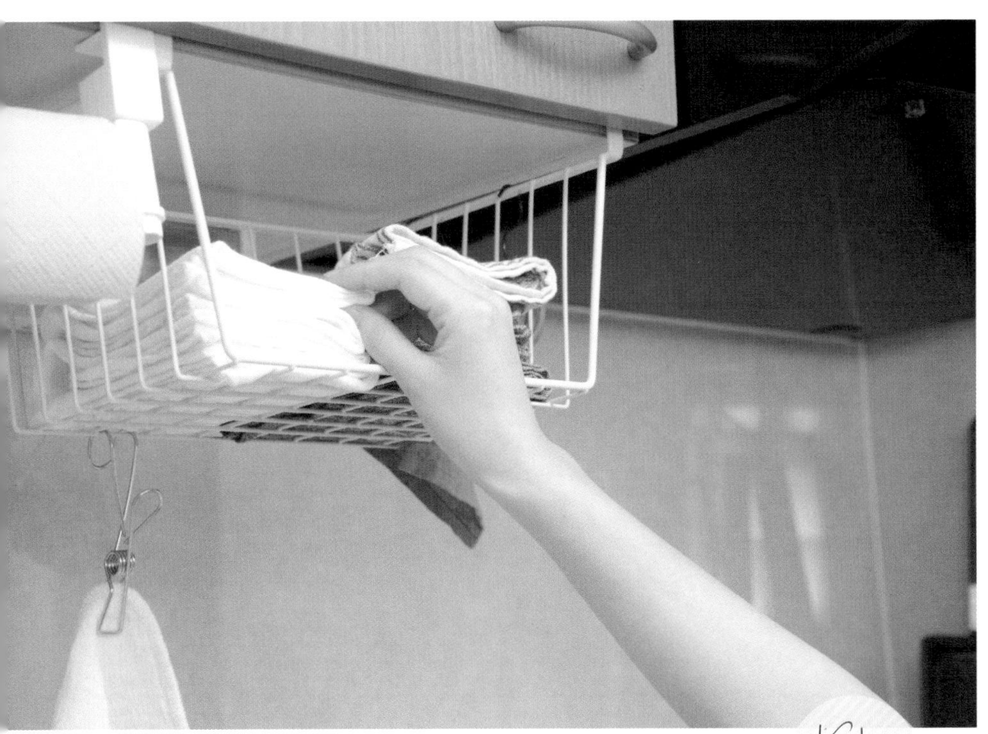

吊物架左边放的是抹布，右边是亚麻拭巾。无印良品的“落棉抹布”是我一直以来最爱用的，吸水性强，性价比也高，12枚抹布的套装只花500日元（约33元人民币）就能买到。一天大概用三四枚，有时甚至觉得不够用。
（右下）抹布悬挂收纳，擦拭餐具时随手够得到。

Kitchen towels

手头随时放几枚抹布

厨房用的抹布一共有12枚。乍听可能觉得比较多，但是擦拭餐具、料理台、煤气灶周围或水槽、水槽下的置物架、微波炉、冰箱等都要用。我用的抹布是同一个牌子。

即便经常清洗，长期用的话抹布还是会沾留气味或污渍，所以我会时不时地煮一下。水烧开后，把抹布放进去煮5—20分钟即可。

较轻的污渍用小苏打，比较顽固的用洗衣粉或洗衣剂。煮完后，用洗衣机清洗并晾干。

虽然看起来简单，但是杀菌效果显著，气味或污渍也被除得干干净净，抹布像刚买回来时一样洁白。

Cabinet

吊橱深处使用攻略

我的个头不是太高，不经常使用的东西一般放在吊橱里。

最上面是收纳季节性的物品，比如可以放在饭桌上使用的小型天然气灶、锅具，还有备用的厨房用纸、换气扇滤网，以及来客人时用的纸杯或纸盘等。拿取上层物品时需要踩在椅子上才能够到，不过这些物品平时并不怎么用，所以我也没感到有什么不便。

下面放一些使用相对比较频繁的物品，如保鲜膜、锡箔纸、酒精喷雾等，我伸手就可以够到它们。右边的收纳盒放有垃圾袋等，为了使用时能够立刻取出，收纳盒特意选了带有把手的。另外，柜板的左上方安装了吊物架，充分利用有限的收纳空间。

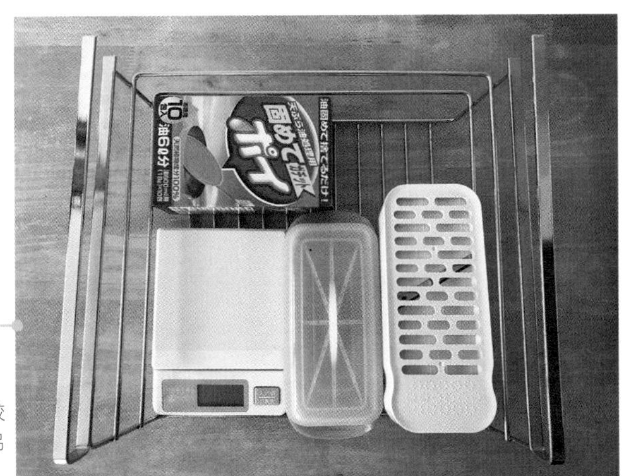

计量器、多功能擦板、硅胶蒸器、油脂凝固剂等放在吊物架上。

垃圾袋、排水滤网、树脂海绵等厨房用的消耗品，尽量放在这个收纳盒里。树脂海绵用刀切成小块使用。

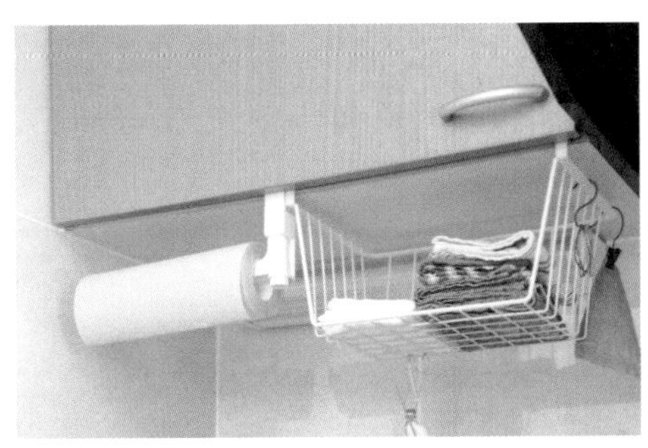

厨房用纸架和放抹布用的吊物架设计合理，并不妨碍吊橱橱门的开合。

水槽下方用置物架隔成不同的空间，右侧放厨具、调味料，左侧放餐具、保鲜容器、咖啡豆等等。

Under the sink

水槽下方收纳全公开

做饭时用的物品全都放在水槽下面。煤气灶就在右侧上方，平底锅、调味料放在与之相应的下方，使用时可以迅速拿出来。

调味料统一放在无印良品的化妆品收纳盒里。

之前锅盖的收纳很让人头疼，连盖带锅一起放着的话，我只想用锅时得特意把盖子拿掉。虽然这不是什么大问题，但是若每次都这样重复就会感到不太方便。调查了一番有关锅盖收纳的方法后，我在橱门里侧安上了挂钩，直接把锅盖挂在上面。如此一来，不仅水槽下方的空间看起来整洁，而且也节约了很多收纳空间，我想用锅盖的时候马上就能取下来，相当便利。

水槽下方(右侧)

白色置物架是原本附带的，锅具、滤筛、盆子、托盘、调味料都放在这里。

最里面放的是酱油类的备用品、罐头、出汁料包、装意大利面的储存筒等。

可粘挂钩倾斜着粘贴，能自由拆卸。挂钩粘力较强，完全不用担心脱落。

还没有使用完的出汁料包挂在带夹子的挂钩上，这样可以避免忘记放到哪里又不小心打开新包装的麻烦。

水槽下方左侧放的是Nitori家的不锈钢置物架，水道管是直立式的，可以穿过置物架，用起来没有死角。

上层放的是马克杯、茶杯、西餐餐具，中层放的是碗碟类。

家里没有专门的餐具柜，餐具类的都放在这里。这个置物架刚好能够放得下手头拥有的餐具。对我的日常生活来说，这些餐具绝对够用，我不会再添置其他的了。

下层放大米容器、砂锅、装有咖啡豆和大麦茶茶包的无印良品密封瓶。

大米容器也是Nitori家的，放在架子下面刚刚好。容器后面附有滑轮，我想取出来的话毫不费力。

5千克容量的大米容器，很适合一个人生活时使用。

放入S.T.（日本奉信公司）家的“米唐番”果冻状辣椒，可以防止大米生虫。

对咖啡豆和大麦茶来说，最关键的是保留原味，所以要放在密封瓶里。

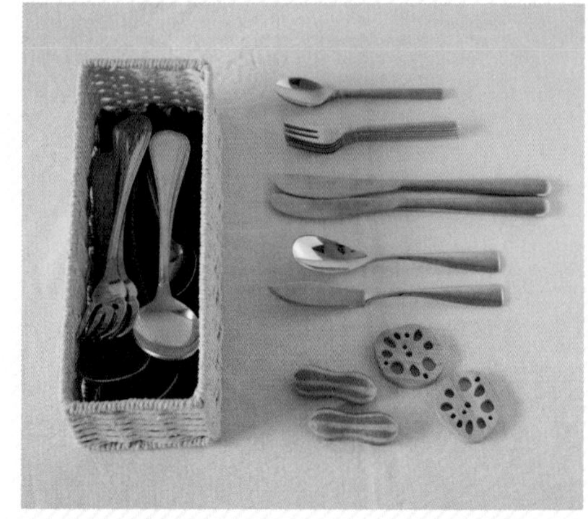

西餐餐具每种有两副，右下方是我最喜欢的莲藕筷托，逼真可爱。

水槽下方（左侧）

置物架的隔板可以自由组装，三层收纳空间刚好够用。

比较重的物品放下面，盘子类的物品放在中间，方便拿取。

左图是我的全部餐具，大多是成对的。

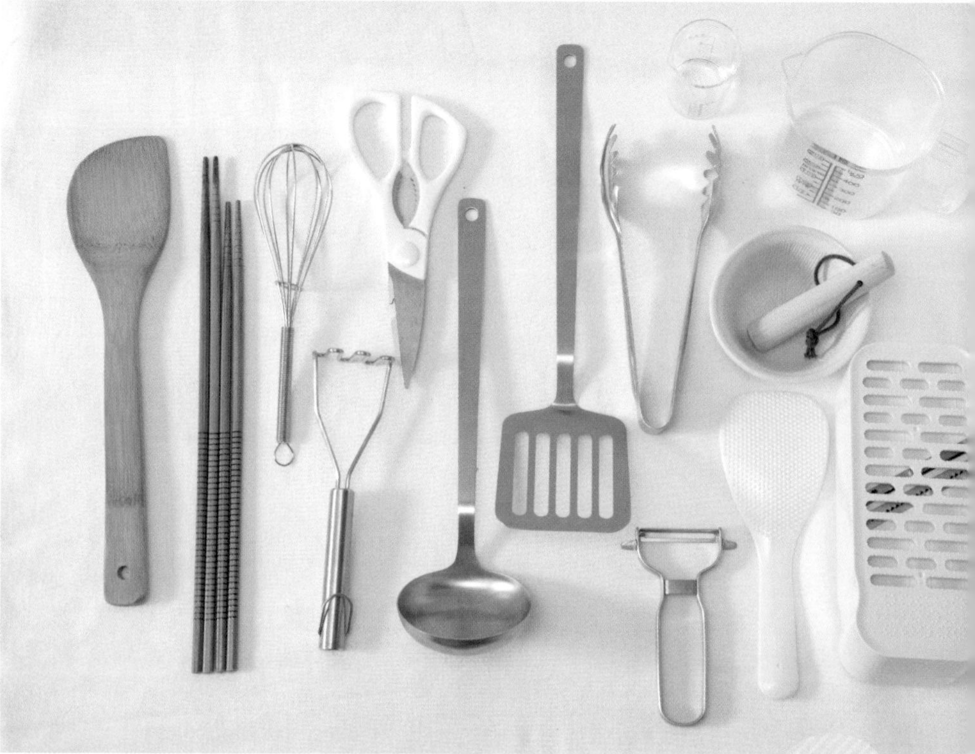

料理器具尽量遵循“一物多用”原则，或许还能再“压缩”一番，但这些对我来说是必需品。

Kitchen-ware

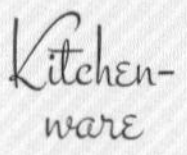

可以自由驾驭的料理器具

想让自己多钻厨房的诀窍之一，就是选择使用起来上手、造型又与众不同的料理器具。

平底锅的涂层如果受损，煎鸡蛋时就会粘锅。所以，我统一换成了T-fal家“手柄可以拆卸”系列的锅具。

手柄能自由拆卸不仅收纳时节省空间，味噌汤、咖喱等吃剩下的时候，还可以用附带的密封盖（暂时保存用）盖好，放到冰箱里保存，享用时能直接端上餐桌，可谓是这款锅具的一大魅力。

器具使用起来特别便利，料理时自然会很开心。

小号的滤筛1个，盆子小号1个、中号2个、大号1个。托盘和滤网是成套的。

擦泥器、切片器、刨丝器等多功能擦板，可以摞起来统一收纳，不占地方。除了滚刀切，只用这款“利器”就可以完成蔬菜的准备工作，比用刀切既省时又美观。

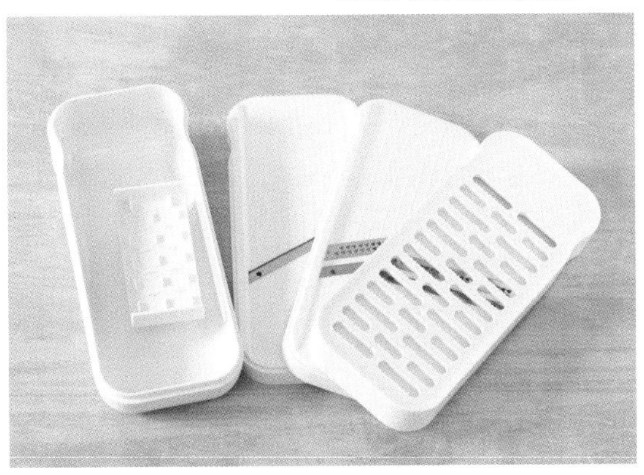

T-fal套装分别是直径16厘米、20厘米的锅具和22厘米的平底锅。小号的硅胶蒸器正好适合一个人生活使用。蒸蔬菜、鸡肉时可以直接用微波炉料理，家里煤气灶只有两孔，所以硅胶蒸器在我家频繁“登场”。

与平底锅相比，用ambai家的玉子烧器做玉子烧的话，用的鸡蛋分量虽然少，做出来的玉子烧却厚实又松软。

Fried eggs

心心念念的玉子烧器终于入手

我一直在寻找理想的玉子烧器，最近终于“邂逅”了ambai家的。它外观简约，规格迷你（一个鸡蛋也能做玉子烧），铁制品，好好保养的话，用一辈子完全没问题。

除了做玉子烧，也用它来煎火腿等。可能是因铁制品受热均匀，所以我才能够做出软乎乎的玉子烧吧。

它的保养方法和铁质平底锅差不多，不需要用洗洁剂，用棕榈刷擦洗后上火烧干，涂上一层油放置即可。最初我觉得保养有些麻烦，但是习惯的话也就没什么了。

我最喜欢的Yumiko Iihoshi女士制作的餐具。餐具设计简朴，稍带凹凸，手感很不错，我特别中意。
（右下）这些都是我做的餐具，日常用的餐具全部亲手制作是自己的一个小小梦想。

Tableware

一点点凑起来的餐具

对于一个人生活来说，这些餐具可能有点多，但无一不是我一个个拿到手里细细掂量，想想“用它来盛什么料理呢”，最终才决定入手的。

随着对器皿开始讲究，去年我还学起了陶艺。我用的茶碗、茶杯、小碟子都是自己做的。

因为房间收纳空间极其有限，我常常提醒自己不要随便增添物品。但是考虑到偶尔会请朋友来家里吃饭，或者将来成家后继续使用，所以每种餐具差不多都是成对的。

周五冰箱变空空

冰箱门内侧的置物架上放大麦茶、冰镇咖啡、需冷藏保存的调味料等。所放物品的大小与置物架尺寸刚好合适。

冰箱中物品尽量不堆放，保鲜盒只摞两层的话，最里面的物品也可以一眼看到。

以前总是不能很好地收拾冰箱，等醒过神来，我才发现调味料早已过了保质期，蔬菜也不知何时变得蔫嗒嗒的。

现在，我只买一周内可以吃完的食材，周末时冰箱变得一干二净。

另外，我也会有意识地注意冰箱里物品的摆放。上层放味噌、黄油等保质期比较长的，中层放能保存一周左右的纳豆等，下层放常备菜、酸奶等需要尽快用掉的物品。下层以蔬菜为中心，我会根据剩下的食材决定菜谱，用来做便当配菜的话，食材就不会因腐烂而浪费掉了。

让垃圾桶的存在感变为『0』

Garbage can

挂在架子上的麻袋，用来保存根茎类蔬菜等。环保购物袋就挂在冰箱旁边，我外出买东西时顺手就能取到。

20升的垃圾袋。用小号垃圾袋的话，倒垃圾时很轻松。

水槽正对面就是冰箱，中间的距离刚好容得下一个人走动。如果放上可燃、不可燃分类垃圾箱的话，会特别碍事，所以我就用袋子代替。

垃圾袋一直摆在外面，但视线比较低，即便从门口望到的话也不会太显眼。夏天如果你在意气味，生鲜垃圾就套两层袋子，往里面撒上些苏打粉便可以消除臭味。一个人生活时，垃圾并不会太多，20升的垃圾袋足够用。

第 4 章

狭小却一目了然：物品收纳术

趁换季整理衣服时，我都会毫不犹豫地把一年中只穿一两次或连一次袖子都没有套过的衣服丢掉，因为，想着“总有一天会穿”的衣服大多不会穿。

定期检查物品的数量

即便平时已经很注意，但伴随着一天天的生活，物品还是不知不觉间在增多。换季整理衣服或是感觉“最近东西好多”时，我都会检查并重新审视自己所拥有的物品。

不妨把物品全部摆出来，好好斟酌一下：“有没有类似的东西？”“最近有没有使用？”“可不可以用手头现有的物品来代替？”

最容易增加的无非就是衣服。我买一件新的，就扔掉一件旧的。时常记得考虑：“现在有的衣服是否想一直穿呢？”如此就能抑制住购买的冲动了。

我建议给手头的衣服都拍上照片，这样的话就很清楚自己已经拥有哪些，既可以试着进行搭配组合，也能够一眼知道有没有类似的物品。

my place

巧用收纳 装饰房间

虽然说房间里尽量不要摆放过多物品，但是常用的东西如果收纳起来的话，我想要使用时得东翻西找，会很不方便。

如果物品设计感较强，可以成为房间闪光点的话，不妨将它特意摆出来，进行装饰性收纳，比如背包、手提袋、自行车、鞋架上的鞋子、雨伞等。

背包容易变形，放到衣橱里的话我会比较担心，干脆就把它作为装饰挂在了外面。这和自行车的户外感很契合，一点也不影响房间的整体氛围。

鞋架是开放式的，本身就可以成为装饰的一部分。这些我喜欢的鞋子都是精心挑选的。

衣橱『包罗万象』

我当初选择搬到这里，最大的“诱惑”就是这个房间有一个很大的衣橱。

作为日常生活空间，房间里尽量不堆放过多物品。所以，我的衣服、书籍、日用品存货、季节性物品，还有其他琐碎细小的东西，都统一放在了衣橱里。

现在的衣橱看起来很利落，甚至上方还有空间。其实刚搬来时，三大纸箱的书籍、CD等都堆在里面，挤挤攘攘的，一打开柜门东西就不停地往下掉……

说什么也得使用收纳工具，不过我苦恼一阵后，最后一件都没有买。

For housing

礼服、冬季外套等适合悬挂收纳的衣服挂在衣撑上，其他的基本都是叠好，放在抽拉式收纳箱里。柜门一打开，里面的一切都看得清清楚楚。

书籍、保养用品等平时经常用到的物品放在上层，想用时伸手就可以拿到。衣装箱、抽拉式收纳箱、洗涤用品、打扫工具、日用品存货等，不想让人直接看到的物品尽可能放在下层。

借助断舍离，现在的物品比刚搬家时少了很多，空间上也相对宽敞自由。省去来回翻腾物品的麻烦后，我的压力也减轻了不少。

我以前总是不管三七二十一只顾往衣橱里塞东西，要使用的时候，一边想着“应该在这里”，一边不小心就将全部物品都捣腾了出来。而现在，哪件物品放在哪里我都掌握得一清二楚，再也没有之前的那种麻烦了。

小说、语言学习参考书等放在右边最里面。这些都是经过好几次断舍离后才甄选出来的。

修指甲用的小道具，护甲油有两款颜色。

透明款首饰盒，我可以看到里面存放的小物，保证不会在找盒子里“迷路”。

护肤类、化妆类等化妆用品统一放在这个盒子里。

衣橱全公开

衣撑特意准备得充裕一些，悬挂第二天要穿的衣服，或者洗衣服时用。

手提包只有COACH（蔻驰）家的包包和筐袋两种，根据场合分开使用。

袜子等小物放在纵向收纳袋里。

连衣裙、外套类等不适合折叠收纳的，都挂在衣撑上。

夹子、衣撑等放在收纳篮里。收纳篮是专门买的，可以收纳任何尺寸的衣撑。

浴巾、毛巾、吹风机等收纳在布艺箱里。

不锈钢铁皮桶主要是洗刷鞋子、打扫阳台时使用。

为了使用时能够迅速取出，特意把熨斗放在了橱门后面。图中恰好有门挡着，无法看到。

后面是用空气压缩袋收纳的毛毯，前面是睡袋。

抽拉式收纳箱是老家的，三层都可以使用。

浴衣（夏季传统服装）、厚针织物等季节性衣物都放在这个衣装箱里。

工具、胶带等统一放在这个盒子里。

右侧空着的地方，摊摆物品或整理时灵活利用。高度及腰，站着收拾也没问题。

Clothing

确保衣橱上方有空间

我之前总是想着“眼不见心不烦”，柜门关上就什么也看不见了，所以把纸箱或衣服都堆到了衣橱里。

我根本不清楚哪些物品放在了什么地方，结果房间里乱七八糟，成了连看都不想看的场所。

自从我瞄准极简生活，开始断舍离以来，比起以往只管堆积物品的做法，现在时刻提醒自己要打造这样一个场所：必要物品马上可以找到，并能迅速取出。

衣橱整理得井井有条，干净利落，甚至时不时地想打开柜门自我“欣赏”一番，连选搭衣服都变得有意思起来。

衣橱右侧特意腾出了一点空间，尽量什么都不放。冬天时用来收纳夏季用的电风扇，家中突然来客时暂时放置物品，随时根据情况灵活利用。

衣撑款式大致统一

衣撑既有普通款，也有挂外套用的较大尺寸的。

没有书架

一直很喜欢菊池亚希子的书。模特、演员、MOOK编辑……丰富多彩的跨界角色能让自己学到很多。

包包收纳术

COACH包包是祖母转让给我的。本来我对名牌没有什么兴趣，但祖母总是很操心我的事情：“年龄大了，就得学着讲究一些。”

小物收纳袋最便利

袜子、手套等成对的小物品，如果放在收纳箱里很容易散乱，所以统一放在纵向收纳袋里。系着蝴蝶结的袋子是朋友送给我的香包。

衣橱下方放置较重的物品、抽拉式收纳箱，整理起来很方便。

Sort out

衣橱下方用箱子隔开

衣装箱、洗涤用品、浴巾、毛巾、防灾用品、工具箱、熨斗、Makita家的扫地机充电器、打扫工具、日用品存货等，都尽可能放在衣橱下方，确保不会被一眼看到。

带盖子的衣装箱通常用来收纳季节性物品，外套类的一般是挂在衣撑上，其他衣物就放在抽拉式收纳箱里，如此一来，我换衣服时五分钟内就能搞定。

放在衣装箱里的帽子、手套、围巾、热水袋等小物品，根据季节更替，只需挪换上下位置即可。

纸袋

我生活中时不时会用到纸袋等，通常准备三四枚，统一放在浅绿色手提包里。带波尔卡点的箱子里放的是备用消耗品。

资料、文具类

重要资料、文具、CD等零碎物品都放在Coleman家的可折叠收纳筐里，放在衣橱最里面。参加野营或音乐会时，把东西取出来后，收纳筐可以当作箱子使用。

洗浴套装

房间里没有专门换衣服的地方，浴巾、毛巾等都放在衣橱里。浴巾有两条，毛巾有五条（兼作厨房毛巾，所以稍微多些）。吹风机也放在这里。

衣装箱应季挪换上下位置

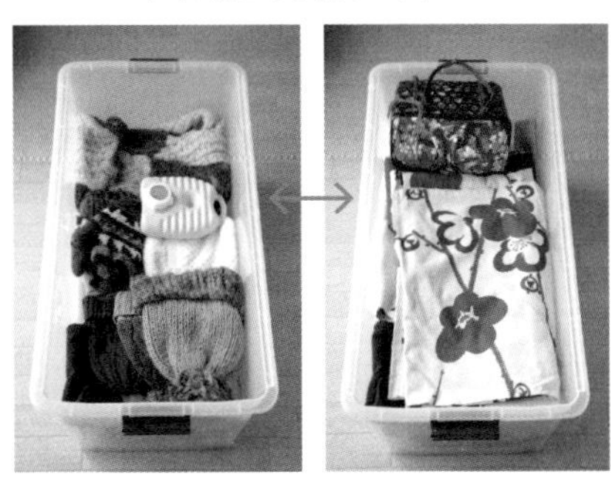

冬

冬天用的针织物和帽子类。

夏

浴衣套装等。

衣撑类

因为离阳台较近，晾晒衣服时就连收纳篮一起放在床上，方便取用。

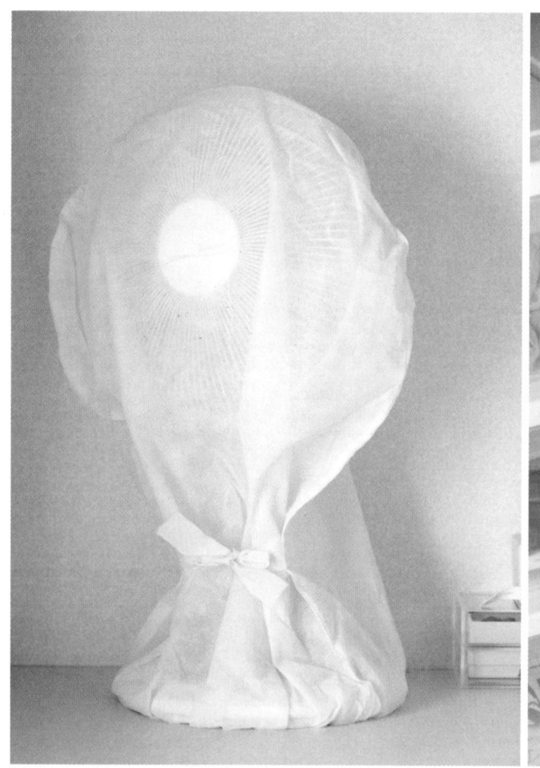

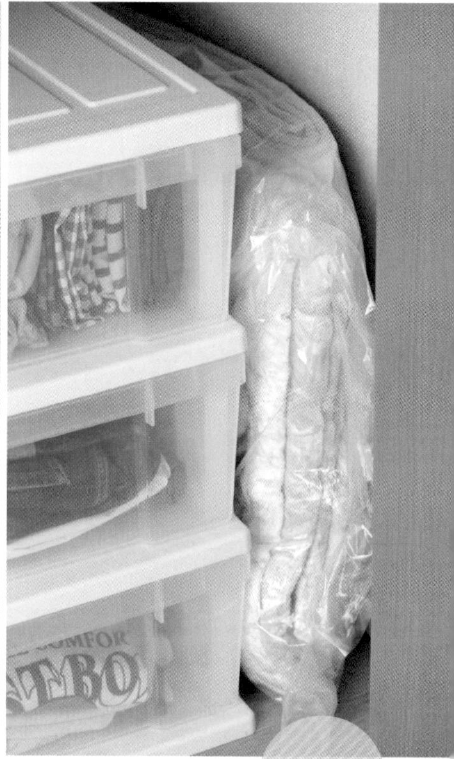

夏天结束后，电风扇就用在百元店买的专用外罩包好，放在衣橱空出来的角落里，可以防尘。毛毯和褥子用压缩袋压缩收纳，节省空间，横着放的话容易变得硬邦邦的，所以竖立放置。

Seasonal

季节物品最少化，尽量不用加湿器

我没有夏用毛巾被。夏天开空调的话，我很容易感觉冰冷，所以一年四季都是盖被子。冬天用的毛毯和褥子平时用压缩袋压缩收纳。

我以前用过电热毯、加湿器，不过电热毯收纳的话很占空间，平时使用时每逢外出经常忘记关电源，所以渐渐地就不怎么用了。

加湿器的话，不仅每天需要清理，隔半年就要更换一次滤网，特别费事。对于只有六张榻榻米大小的房间来说，加湿器也有点占地方，后来我就放手了。

天气比较干燥时，可以将手巾打湿拧干后挂在房间里，效果和加湿器差不多。

没有特意准备来客用品

印有图案的纸杯、纸盘等，是3COINS、Flyingtiger等时尚杂货店常销物品。睡袋是ISUKA家的，ISUKA是正宗的登山用品大牌。睡袋质地较薄，如果你不习惯的话可能会不适应，对我来说则刚刚好。

我并没有特意准备来客用品。

朋友来家里吃饭时，像前面介绍过的，我家的餐具大多是成对的，基本上可以用手头现有的餐具来对付。餐具不够的话，我就把纸杯、纸盘摆出来，并没有什么不好意思的，说不定朋友会更喜欢这些带有可爱图案的餐具呢！

之前家里也有来客专用的被子，但几乎没怎么用，况且占地方，后来我就处理掉了。想要休息时，就请客人睡在床上，自己则钻到睡袋里躺在瑜伽垫上。很早以前参加野营时自己就习惯了睡帐篷，所以睡睡袋并没有什么别扭的（可能只有我是这样吧）。

毕竟客人并不常来，我用现有的东西来代替就足够。

正是一个人生活才更要准备的防灾用品

内衣通常在换季时根据季节调整。同时检查特殊时期的食品和饮用水的保质期，如果有过期的，就换成新的。有些避难场所可能没有换衣服的地方，准备条浴巾的话会比较好。

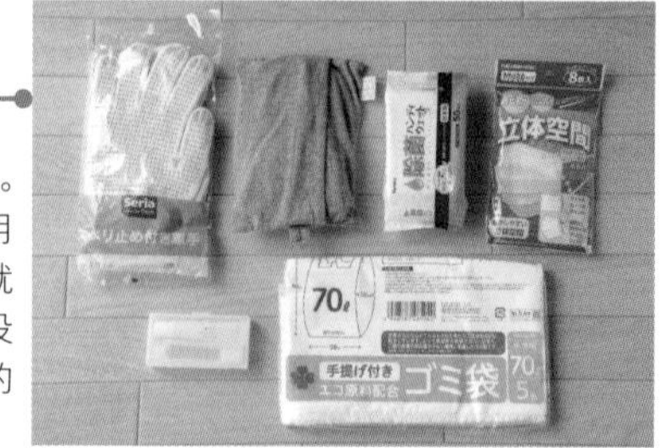

正是一个人生活，能保护自己的除了自己别无旁人，所以防灾用品平时就要切实准备好。

我的防灾用品通常就放在衣橱里。根据在网上调查的信息，我备有粗线劳动手套、毛巾、内衣（一天用的）、特殊时期的食品（干面包和肉桂面包）、两瓶500毫升的矿泉水、湿巾、口罩、简易拖鞋、垃圾袋、牙刷、生理用品等。

我小时候曾参加过童军活动，清楚地记得“有备无患”的教诲。“有备无患”意思很明晰，就是为了最善应对预料之外的事情，平时就要做好准备。我从小也是这样实践并养成了习惯，所以准备防灾用品就成了理所当然再普通不过的常识。

花瓶后面放的是精油扩散器，用的是无印良品的香氛精油。对于六张榻榻米大小的房间来说它绝对够用，连玄关处都能闻到芳香。
（右上）除尘棒就放在电视机后面，想用时伸手就能够到。

Television racks

电视柜“没有柜门”

之前我用的电视柜很大，能收纳很多东西。我仗着空间大，所以不管三七二十一把各种物品都统统塞进去，结果重到一个人根本挪不动，直到搬家的四年间，连一次都没有打扫过。

正是这次开始一个人生活，我才想着把方便打扫放在优先位置。不过一直找不到理想的电视柜，最后一咬牙就定制了一件。

只是电视柜没有柜门，后面的电视配线暴露无遗。如果不收拾的话，不但容易积攒灰尘，打扫起来也不方便，所以我就按自己的想法用螺旋管整理了一下，颇有自我风。

多亏这个妙招，电视柜不仅看起来利落了很多，打扫也变得很轻松。

床铺下方的空间最容易积攒灰尘。如果用收纳架来收纳的话，放进取出相对频繁，自然就会勤于打扫床铺下方。收纳架隔板的网眼比较大，能够放的物品有限，收纳简洁利落。

Under the bed

床铺下方是便利的收纳空间

我搬家的时候，恰逢朋友发愁自己的床铺如何处置，就转赠给了我，连可放在床下的带滑轮收纳架也一并相送。

将它搬到我的房间后，床铺下方主要用来放客厅、阳台的打扫工具，客厅用的瑜伽垫，以及无他处可安置的体重计等。

床铺就放在窗台边，床下的物品从阳台一侧也可以取出来。所以，我考虑到动线问题，在手能够够得着的位置，把阳台专用的拖鞋、棉被夹子等也放在了这里。

在这张床铺入手之前，床下从来都没怎么打扫过，更没有利用它来进行收纳的意识。可是现在，床铺下方也成了宝贵的收纳空间。

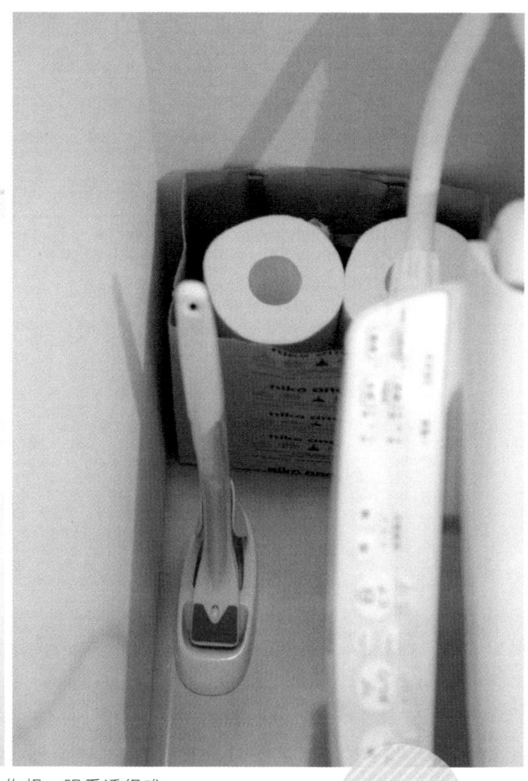

毛巾架上挂着的纸袋里面放的是卫生用品，你想一眼看透很难。
洗手是在外面，所以这里没有放毛巾。

Toilet

让没有收纳空间的洗手间看起来干净整洁

洗手间是房间中收纳空间最少也比较狭窄的地方，但一天中可能要用上好几回，所以尽可能保持干净整洁。

起初打算做一个壁架用来收纳，但离电源太近，我担心漏电起火，就打消了这个念头。现在，打扫坐便器用的一次性刷头备用品、除菌纸、蓄水箱用的香氛、生理用品等，都放在纸袋里悬挂收纳。

厕纸装在纸袋里，放在坐便器后面，一点儿也不碍事，刷子也放在最里面，确保门打开时不会被看到。

无法隐藏的洗衣机周围用白色保持清洁感

我住的房间，一进玄关就是放洗衣机的地方。换洗衣物、洗涤剂等都摆在这里，所以让洗衣机周边保持清洁感的关键是不显露出生活感。

洗衣机上方有一小块架子，洗涤剂、备用品之类的就放在上面，不过直接放的话未免显得有点乱，我便摆了两个无印良品的化妆箱。半透明的箱体，既能保证里面物品不被看得一清二楚，又能大概知道放的是什么。

此外，洗涤剂等要么揭掉包装，要么换到简约的瓶子里，整体上营造一种清爽氛围。

左边瓶子里装的是柔软剂。我用的是Bathlier家的“ire-mono”系列产品。中间银色瓶盖的瓶子里装的分别是小苏打和柠檬酸。

洗衣粉盛在无印良品带盖子的化妆盒里，用起来很方便。盒子密封性较高，半透明，我一眼就能知道还有多少存货。

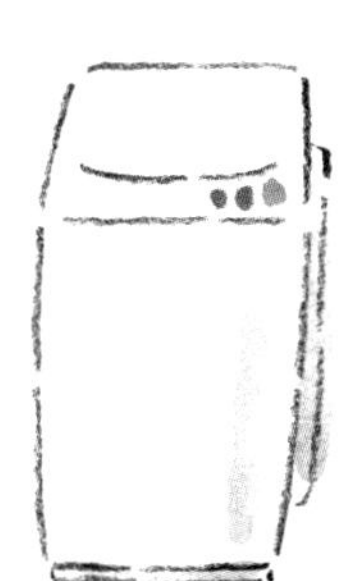

洗衣粉放在无印良品带盖子的盒子里，柔软剂、中性洗涤剂都是用的Bathlier家的原装瓶子。

我用的换洗衣物收纳袋也是带盖子的。家里来客人时，如果不想让换洗衣物被人看到，只需盖上盖子即可。

洗衣机附近，也就是玄关旁边，挂着一个三层收纳吊篮，最下面装的是洗衣服时用的网罩，上面和中间放的是成包的纸巾、手帕等。

这是受了本多沙织女士书中的启发。我之前出门时总是忘记带手帕，不得不折回到衣橱去取，现在放在玄关附近的话，不小心忘记时，伸手就可以拿到，不用来回换鞋。

洗衣机周围物品统一用白色，吊篮也不例外。

第 5 章

私家时尚与美容：主题严选

衣物收纳全公开

抽拉式收纳箱尺寸较大，纵深70厘米。如照片所示，它可以“直立式收纳”，每个抽屉大约可以放20件衣物。收纳箱上层放上衣，中层放下装，最下面放睡衣和音乐会用的T恤等，衣物具体位置根据季节调整。

我现在拥有的衣物虽然不能说很少，但和之前相比，数量大概减少了一半。刚开始实践极简主义生活时，我也曾为丢弃过多的衣物懊恼过。但正是经历了很多次失败后，才终于打造出了眼前这个打理起来容易，能让人搭配相应自由并乐享时尚的“衣橱”。

朋友和同事都很惊讶：“原以为你有很多衣服呢！”其实，即便是同一件衣服，只要外套、裤子、首饰、小物、鞋子等稍微做些改变，就能搭配出多种多样的风格。

这些都是自己严选出来的特别中意的衣物，每一件穿起来都很爱惜。为了能够长久穿下去，我自然就会倍加重视与呵护。

上衣

半袖

圆领T恤4件、花纹上衣5件、白地纯色上衣1件，花纹和纯色上衣各备几件的话，搭配起来比较轻松。

长袖

蓝色2件、白色系2件、驼色1件、黑色1件，我很喜欢蓝色，适合搭配略带男生气质的小物品和包包。

开衫

外套3件，绿色开衫质地稍薄，带花纹的开衫质地较厚，适合天冷时穿，灰色开衫质地厚薄均匀。

冬服

厚毛衣2件、高领打底衫2件、长袖T恤1件，红蓝白横纹长袖不管搭配什么颜色的下装都很合适。

从上面的照片一眼可以看出来，我的上衣大多是带领子的，其中既有从学生时代一直穿的，也有很多是已经穿了四五年的。

流行物品通常到第二年就会过气，所以我主要选择适合自己的又能够长久穿着的衣服。上衣主要有短袖和长袖两种。随着季节变化，我要么披一件开衫，要么套厚毛衣，怎么搭配都可以。

我工作时一般穿制服，回家后就穿便装。平日和周末大多是穿同样的衣服，选搭轻松随意。

下装、连衣裙

下装

裤子5条、半身裙3条，不管哪种，黑色、白色、驼色都是必备款。上衣大多带颜色或花纹，为了搭配起来不费力，下装尽量选择纯色的简约款式。

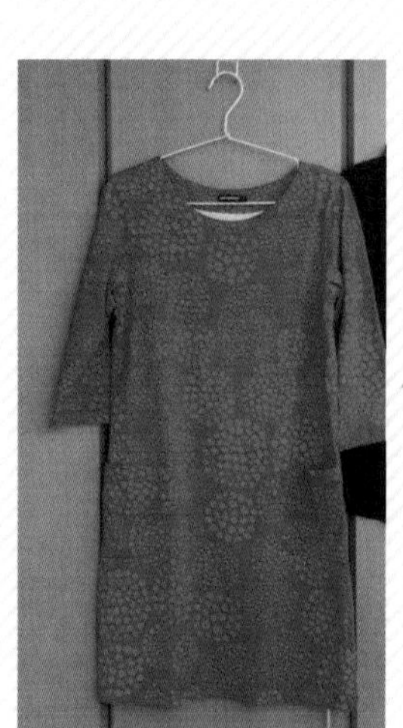

春秋用连衣裙

春秋用连衣裙仅此1件，是我最喜欢的红色。七分袖，正好过膝。材质有弹力，伸缩性不错。

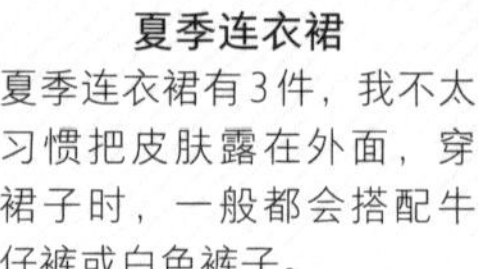

夏季连衣裙

夏季连衣裙有3件，我不太习惯把皮肤露在外面，穿裙子时，一般都会搭配牛仔裤或白色裤子。

裤子、裙子本身没有分明的季节感，一年四季都可以穿。搭配衣服时，我会先考虑颜色深浅是否搭配（衣服轮廓及设计也很重要）。

购买上衣时，首先要考虑能否和手头现有的衣服搭着穿。比如，如果它和白色裤子较搭的话，自然也能配白色裙子，如此一来，搭配的样式也就丰富了。

有几件基础颜色的下装的话，它们和大多数衣服搭配都没什么问题。

内衣、外套

袜子

从左到右，分别是冬用袜子3双、音乐节或野营用2双、通年用6双。不分季的袜子根据鞋子的设计有选择地搭配。

冬用外套4件

略感寒意时，我会穿无袖保暖夹克。平时外出游玩或想穿休闲服时，我会选patagonia家的摇粒绒外套或轻便羽绒服。上班或稍微正式的场合离不开及膝大衣。

无袖保暖夹克

轻便羽绒服

摇粒绒外套

及膝大衣

袜子统一放在布制的小物专用纵向收纳袋里。音乐节、野营时穿的袜子和冬用的放在正中间，一年四季都可以穿的袜子放在最下面。袜子分开收纳，我想穿时立马就能找到。

内衣和长筒袜等放在抽拉式收纳箱里，好在收纳箱有隔板，可以区分开。贴身穿汗衫夏用有4件，冬用发热内衣有4件，内衣有4套。冬用外套有摇粒绒外套、轻便羽绒服、及膝大衣和无袖保暖夹克，一共就这4件。

我个人比较喜欢休闲类的衣物。正式场合也想穿的话，就搭条白色裤子，配上首饰、包包等小物，气质大不一样。

Favorite clothes

正式场合也能穿的休闲服

一直想入手一件略正式场合也能穿的日常休闲衣服，所以当看到Marimekko家的这条红色连衣裙时，就毫不犹豫地买下来了。

外观上可能看不出来，其实这件连衣裙材质很有弹性，我活动身体时也没有什么束缚感，有时会穿着它去参加音乐节。

黑色上衣是Magaret Howell家的荷叶边罩衫，我刚进店第一眼看到时就相中了。它质地较薄，春秋两季都可以穿，披开衫或外套的话，荷叶边领口恰好能做装饰性点缀。

虽然这些衣服都是日常休闲服，但是正式场合也可以穿，搭配起来不怎么受限，这正是我中意的地方。

流苏耳坠和短发很搭

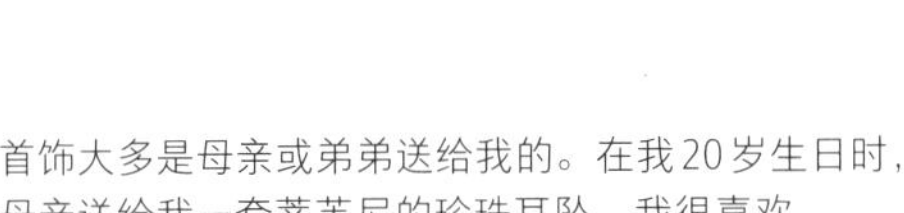

首饰大多是母亲或弟弟送给我的。在我20岁生日时，母亲送给我一套蒂芙尼的珍珠耳坠，我很喜欢。

Automne的流苏耳坠是我回家乡高知县探亲时在朋友的试营店买的。

我平时不怎么佩戴首饰，手头有的这些首饰大都是收到的礼物。

红色流苏耳坠是朋友手工做的。穿Marimekko家的红色连衣裙或浴衣时，我经常会拿它来搭配。我留的是短发，流苏耳坠存在感很强，和我的发型很搭，我再喜欢不过。

我曾攒过很多手表，不过现在只有一块G-SHOCK和Magaret Howell的合作款，不用时就放在玄关鞋架上。

首饰被统一收纳在无印良品的首饰盒里。盒身透明，可以看到里面放的物品。首饰数量不多，我以收纳空间为上限，时刻提醒自己不让物品增多。

自制洗脸起泡器，是做美容师的朋友教给我的。普通的洗面奶也可以打出暄软的泡沫。

我最爱用Revlon（露华浓）家的指甲油。自从借用了一次母亲的指甲油，我便喜欢上了。它涂在指甲上没有涂层不均匀的情况，上色效果也很好。我有两款淡色的，不分时间、场合、地点，随时都能用。

着迷于洗脸起泡器打出的绵密暄软泡沫

我对化妆品并没什么讲究，不过基础化妆品的话尽量选择同一个牌子的。

拿以往的经验和教训来看，如果我挑战尝试用不惯的色号，这些化妆品将永远也用不完。粉底液、眼线、睫毛膏等化妆品，都各只有一件，并且是我常用的品牌，全部被收在小号化妆包里。

护肤方面，我也没做什么特别的护理，只是清洁面部时比较喜欢绵密的泡沫，所以坚持用洗脸起泡器。

指甲并不经常护理，起肉刺或指甲干燥时，我就涂上一层指甲油。

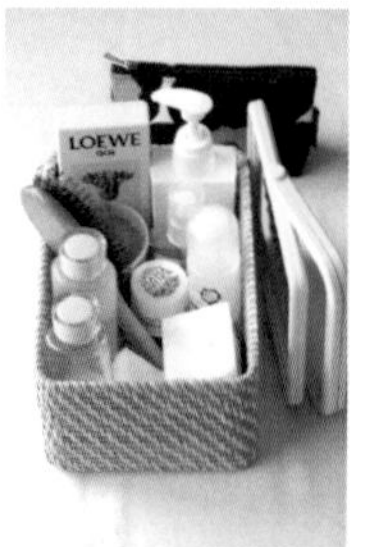

化妆品最容易增多，以收纳容量为上限的话，我就能避开这个小烦恼。

一直爱用BOTANIST洗发水

（左）洗发水有清爽型和滋润型两款，我使用的是清爽款。
（右）你想让发质显得有光泽，就用上面Bojiko家的蜡膏。由于它全身适用，你整理完头发后，手中残留的蜡膏可以用作护手霜。若想让头发变得更有型，就用下面Arimino家的发蜡。

这两年来我一直用的都是BOTANIST（植物学家）家的洗发水和润发乳。它香气清新自然，用完后发丝很飘逸。

因为是短发，之前没怎么好好打理过，但每次泡完澡后，我都会抹上一层Loretta（洛丽塔）家的头油，再晾干头发。

每隔一个半月或两个月，我都会去一趟美发店，请专门人士给我做一次头发护理，平时用梳子梳过头后，再根据当天的安排或情况，选择两种发蜡中的其中一种使用。

这两种不管哪个都是小分量的，保证可以使用完。我出门时就将它放进化妆包里，一点也不碍事。

夏季一定少不了浴衣

Yukata

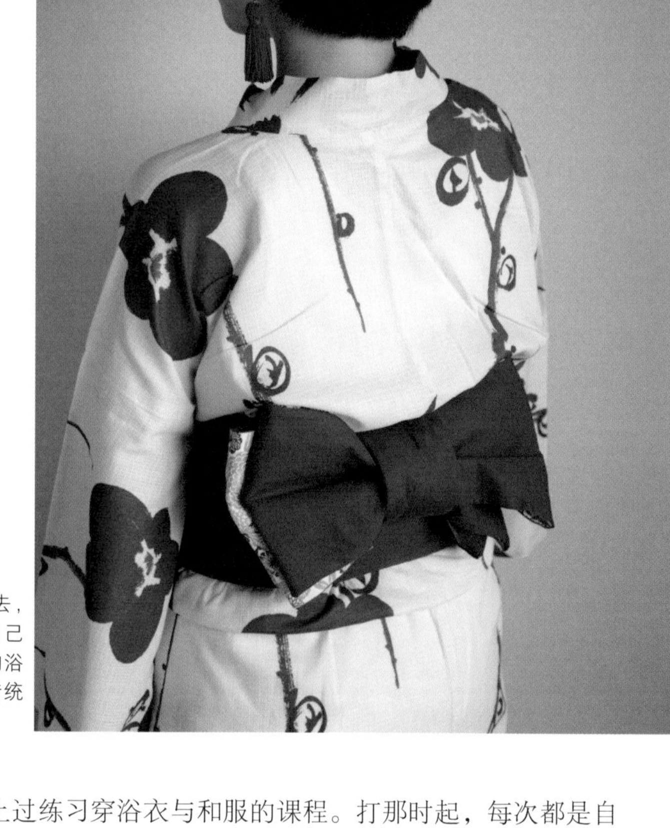

为了能够长久穿下去，我特意挑选了带有自己永远看不腻的图案的浴衣。浴衣带系的是传统的文库结。

高中时，我曾上过练习穿浴衣与和服的课程。打那时起，每次都是自己一个人穿浴衣。

每年大概两三次，逢花火大会或夏祭时，我都会穿着现在仅有的一件浴衣出门。这对我而言很有意义，因为每当身着浴衣时，我都会不由得感叹道："啊，夏天来啦！"

我没有穿衣镜，十多年来都是照着带手柄的小镜子摸索着穿的。化妆、发型和浴衣穿搭，大概一个小时内就可以完成。

虽然每年都是穿同一件浴衣，但是尝试挑战不同的浴衣带打结方法，或是在指甲油、首饰等小地方稍微作些变化，每一次看似相同实则异趣，自己也乐在其中。

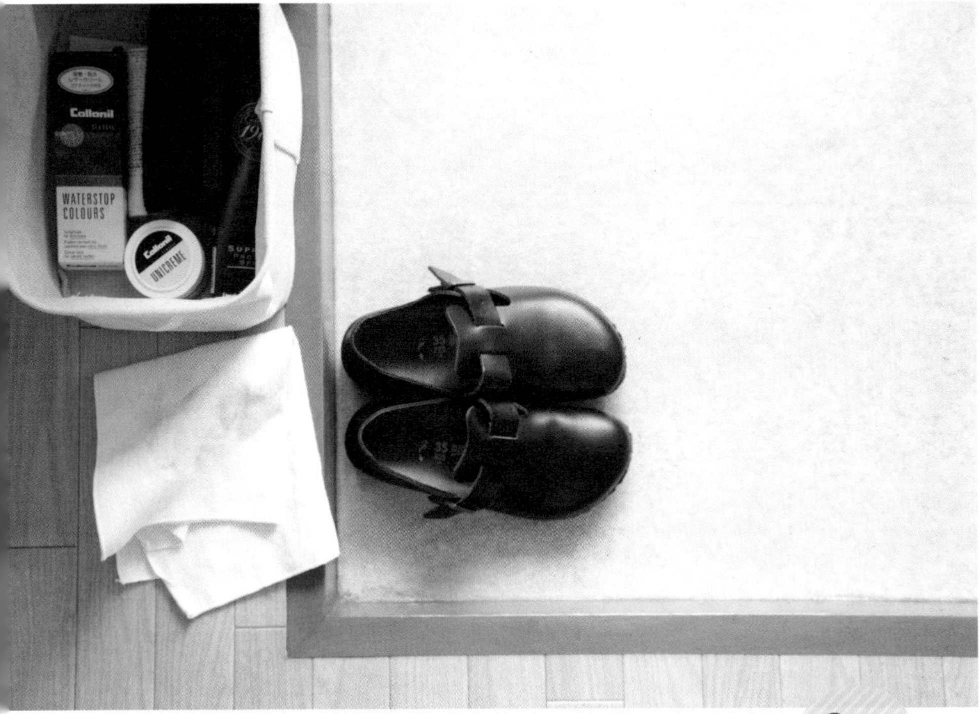

皮鞋护理方法：先用马毛刷将鞋子表面刷干净，再往软布上涂上清洁膏，擦掉鞋子上的灰尘或污垢；用同一块软布给鞋子涂抹上有护理及防水作用的鞋油后，再整体喷上防水剂或用刷子刷匀。

Leather shoes

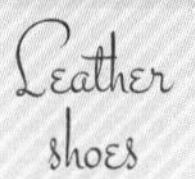

想穿一辈子的勃肯皮鞋

“时尚从脚部开始。”“看人先看鞋。”

成为大人的第一步，便是要拥有一双正式的鞋子。我抱着这样的想法，在去年春天，终于将憧憬已久的勃肯“London”系列的皮鞋纳入囊中。

皮鞋由一整张皮做成，圆头，很显可爱。皮鞋是越穿越合脚，听说如果好好护理的话，穿一辈子也没问题。“如果能一直穿下去，就再好不过了。”我心里想。

护理方法都是我从店员那里学来的。出门前或者穿完后，我都会很细心地用刷子将鞋子刷干净，然后涂上鞋油。

鞋子擦得干不干净，一打眼就能知道。擦完后，看到干净锃亮的鞋子时，我的心情也会跟着清爽起来。

每年我都会参加一两回全程马拉松大赛。平时注意锻炼身体，维持良好体型。
（右下）跑马拉松时，手机放在可斜挎的腰包里。因为腰包和身体亲密接触，不会妨碍跑步。

Exercise

保持锻炼身体的习惯

上小学时，作为童军中的一员，我经常进行爬山等户外活动。中学时，加入了网球社团。总之，我很喜欢锻炼身体。

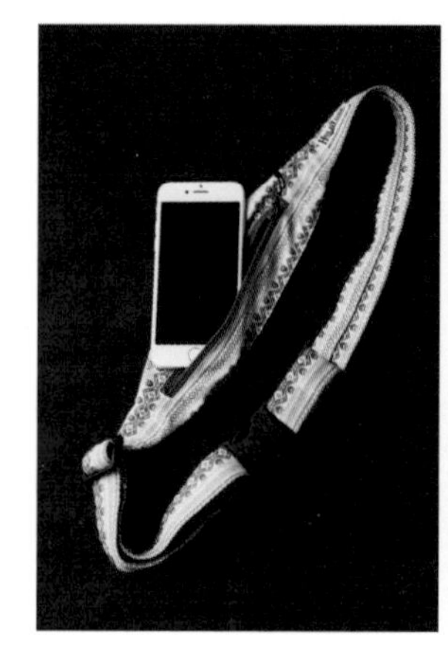

但自从工作以来，不知不觉间我与运动渐渐“疏远”。有一次受父亲的邀请，我参加了全程马拉松大赛。从那时起，我在日常生活中也开始注意锻炼身体。

每逢春秋等凉爽季节，我都会骑自行车去上班，单程需要一小时。平日里若有兴致，晚上通常会在家附近跑半个小时到一小时的步。

我的体质本来就很容易发胖，所以定期采用清汤节食来控制体重。往汤里放入咖喱泡打粉或泡菜火锅速成调味料的话，就能轻松品尝到不同的味道，保证减肥可以长期坚持下去。
（右下）清汤是把西红柿、卷心菜、青椒、芹菜、洋葱切成块，再加入高汤浓缩颗粒炖煮即可。

Diet

效果显著的清汤节食

年末年初或盂兰盆节（8月中旬）时，每逢长假，我的体重就噌噌地往上升。这时，我就会开启清汤节食模式，也就是说，一周之内只吃规定的食物。

平日里体重微增并比较在意时，晚餐就只进食清汤，不吃主食。

拿我个人的经验来说，如果严格控制饮食的话，一周内能减两三公斤。平时晚上只喝清汤的话，两周内瘦两三公斤也并不是什么难事。

清汤节食是只喝自己喜欢的汤品。毕竟是短时期内的任务，相比一般的节食，我不会有太大的心理负担。

ほうじ茶

第6章

“每日一点点”：清洁整理术

换成无线扫地机是正解

我之前使用有线扫地机打扫房间时很头疼。每打扫完一处换下一处地方时，都要频繁地移换插头，加上机器本身较重，不能立马使用，很不方便。

经过好一番调查后，我把扫地机换成了Makita家的充电式无线扫地机。虽然它威力不是很强，但是对一个人居住的房间来说，绝对够用。它没有电线，轻便灵巧，我想打扫时就打扫，毫不费力。它的噪音也不大，很适合住公寓的人。

扫地机内部是尘盒式的，自动集尘装盒，我清理时不用打开，直接连纸盒一起扔掉即可。虽然购买纸盒要花些钱，但是即便每天都打扫，一月也只需更换一次，并不是很频繁。机器本身也不需要过多清洁，所以无线扫地机很适合像我这种嫌麻烦的人。

考虑到家电也是室内装饰的一部分，当初我入手这款扫地机时，简洁流畅的线条设计可以说是关键的购买因素。

因为扫地机能够轻松启动，现在我已经养成了每天早晨上班之前顺手打扫的好习惯。

无线扫地机能持续使用20分钟左右，充电只需50分钟。头部小巧，可直接伸到家具下方打扫，不用来回挪动家具。

Kitchen cleaning

树脂海绵，厨房的“活跃小帮手”

我每天的生活都离不开厨房，尽管足够小心留意，但是厨房总会立马变得脏乱起来，尤其是不锈钢的煤气灶，一旦染上油污的话，很显眼。为了发现时随手就可以擦掉，我便把树脂海绵放在墙壁上悬挂的白色篮子里。

每隔两三天，我都会把煤气灶上的炉架拆下来，三两下就能把煤气灶台收拾干净。厨房的墙壁、冰箱、微波炉等，只要发现污渍，便立刻用酒精喷剂喷洒并擦拭。

大扫除太费体力，若是简单不费劲的小扫除，我应该能够说行动就行动吧。

我想要时刻保持房间清洁卫生，但凡注意到污渍，就马上清理。长期坚持下去的话，就能养成勤于打扫的好习惯。

日常打扫

厨房的墙壁很容易溅上油渍，建议喷洒酒精喷剂，并用抹布擦拭。因为喷剂含酒精成分，擦完后墙壁不易再染上污渍，也光泽明亮，我成就感满满。

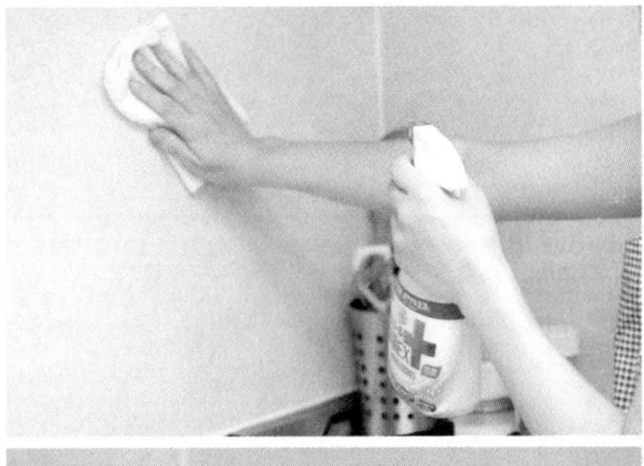

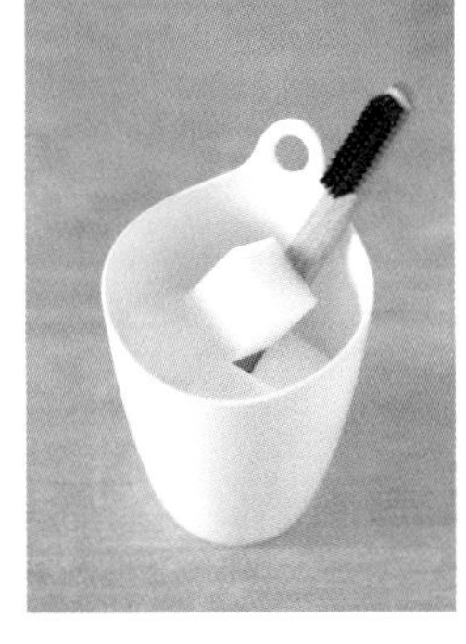

如果水垢等污渍较顽固，只用水很难擦掉的话，不妨尝试一下树脂海绵。用它擦拭后的不锈钢水槽光洁锃亮。

每月一次的扫除

（上）扫除之前
（下）全部挪开后再打扫

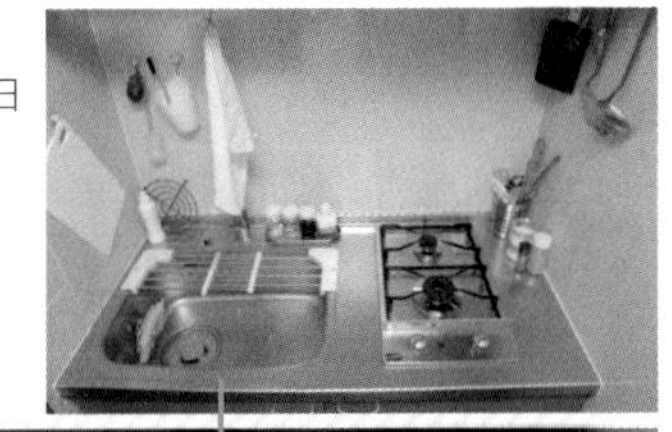

- 擦拭换气扇、墙壁
- 洗净不锈钢餐具筒中的物品、悬挂着的料理器具等
- 擦拭调料瓶，并及时补充调料
- 擦拭控水架
- 擦拭水槽下的餐具架
- 其他能够自由拆卸的地方，尽量全部拆下来后再打扫

虽然看着就觉得很麻烦，但是一月打扫一次的话，污渍并不会攒太多，我马上就能打扫完。如此一来，就能和大扫除说“拜拜”啦！

	日常	周末	定期
厨房	整体用酒精喷剂喷洒，并用抹布擦拭	用树脂海绵整体打扫	每月1次清理换气扇
客厅	每天早上用扫地机打扫	用静电吸尘纸擦拭地板	每月1次清理空调滤网
洗手间	用一次性刷子清理坐便器	用静电吸尘纸擦拭地板	
浴室	每周1—2次清理排水道	·细微污渍用树脂海绵擦拭 ·显眼水垢用除霉剂清除	每月1次擦拭天花板
洗衣机	每隔两三天换洗衣物	换洗亚麻类物品	每年1—2次用小苏打清理洗衣机
玄关		·用桌面笤帚打扫 ·用抹布擦拭窗楞、房门	

周末抽出一小时打扫房间

Weekend

我每周六或周日会抽出一天时间，集中做周末扫除。

天气晴朗的话，我会换洗换洗亚麻类的床上用品，擦拭擦拭阳台栅栏、窗户，擦洗擦洗地板，给被子或枕头喷上除臭芳香剂后在太阳底下晾晒晾晒，电视柜、吊灯灯罩、空调上方等用除尘掸子掸掸灰，用扫地机打扫完房间后再用静电吸尘纸清理一下细微灰尘，玄关处打扫干净，洗手间、浴室、厨房也都收拾一下……

若每周都坚持打扫，不太细致也没关系。养成习惯的话，这些扫除用一小时到一个半小时就能一口气做完。

平时无暇打扫的，集中放在周末

亚麻类物品

周末赶上天气好的话，我会换洗换洗枕套、床单等。

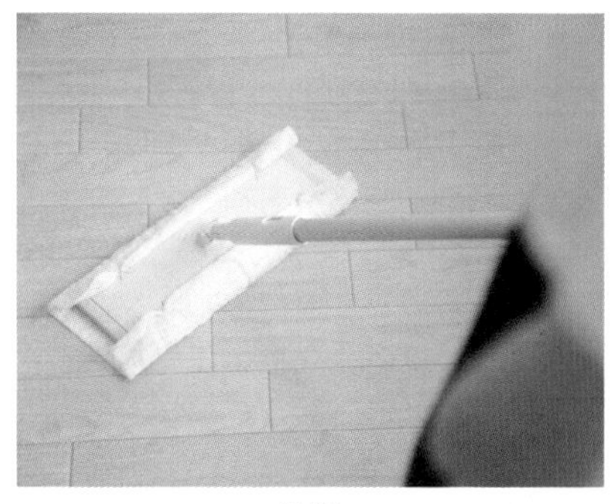

地板

地板扫除用静电吸尘纸可以轻轻松松搞定！

餐具架用抹布擦拭

先将餐具全都取下来，用湿抹布清洗后，再用干抹布擦干。

清理冰箱

将冰箱里的东西全部取出来，喷洒酒精喷剂并用抹布擦拭。

阳台

先在地面上洒水，再用长柄刷刷洗。

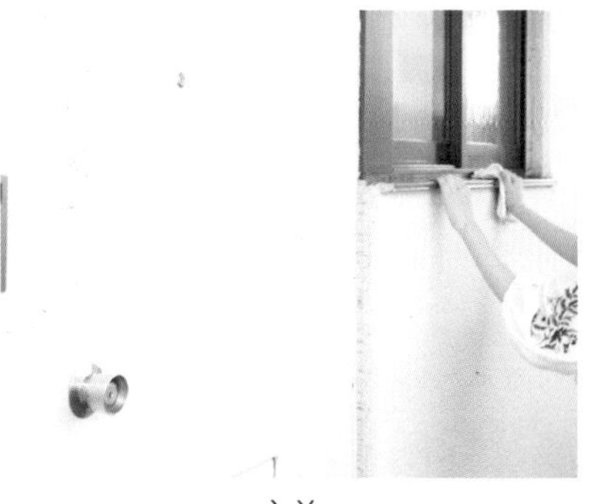

玄关

玄关处，室内室外都要记得打扫。

玄关外也别忘了打扫

室外和室内不同，沙子、尘土很容易积攒。下过雨后立马擦拭清扫的话，我就不用担心水垢问题。

玄关每天都要进进出出，家里来客人的话，决定房间第一印象的就是这里。所以，家里最想保持干净的地方，无疑就是玄关。玄关放在周末打扫，每周一次。

玄关的房门及外面的窗户、门铃都要擦干净。门里门外如果有垃圾或沙子的话，我就用桌面笤帚扫起来，再用抹布擦拭。

桌面笤帚就用磁钩挂在门后，这是我从本多沙织女士那里学到的。以我自身的感受来说，不单是玄关打扫，其他的打扫工具如果放到随手就能够到的地方的话，不自觉地就想动手打扫。

（上）无印良品的桌面笤帚，看着虽小，但聚灰效果很好。

（下）抹布就放在玄关附近的洗衣机旁边，和橡胶手套一起挂在带吸盘的毛巾架上。

入浴完，我会捎带着打扫浴室。海绵擦用完后，晾干水分，放在洗衣机上面的收纳盒里。

Bathroom

浴室里的镜子勤擦拭

平时如果发现浴缸有污渍，我就顺手用海绵擦和浴缸清洁剂打扫。

粘有睫毛膏等细微灰尘的墙壁以及洗漱台，用树脂海绵擦拭。

放牙刷的杯子、香皂盒及洗发水瓶下面容易残留黏糊糊的污渍，也会记得及时清理。

如果镜子上的水垢很明显，先喷上柠檬酸，再用纸巾擦干净。

虽然用肉眼可能直接看不到，其实浴室的天花板也会发霉，甚至污渍会落下来，这种情况经常在电视节目上被报道。不过不用担心，每月一次，定期用涂有除霉剂的静电吸尘纸擦拭天花板的话，就可以避开这个小烦恼。

水垢明显的话，立刻喷洒除霉剂并打扫干净。哪怕是很不起眼的排水道，也很容易积攒水垢。

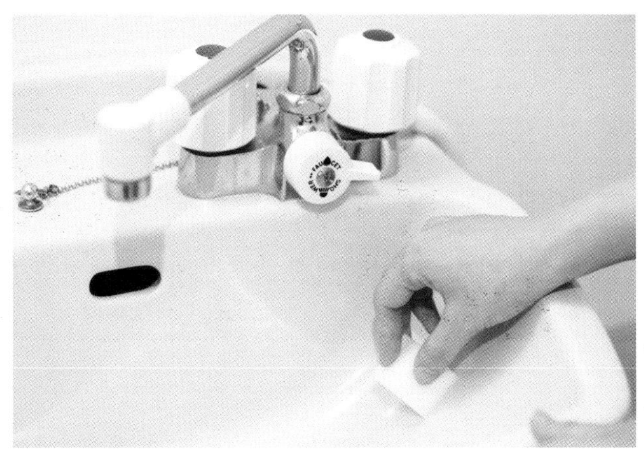

每天要用无数遍洗漱台，洗脸、刷牙什么的，所以不要偷懒，勤打扫，保持干净最养眼舒心。

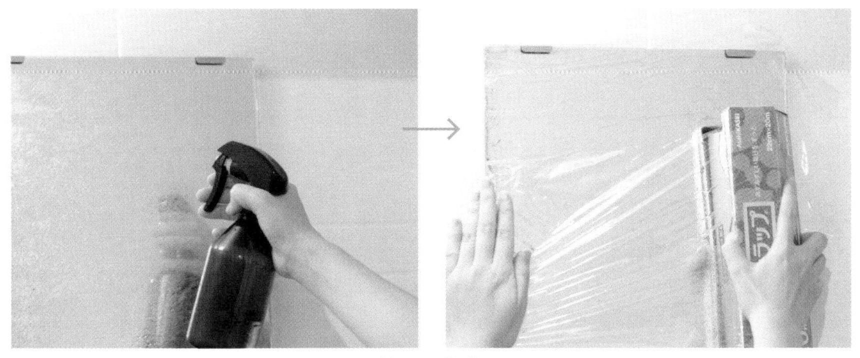

镜子闪亮亮

全体喷上用水稀释过后的柠檬酸→裹上保鲜膜，放置一小时后用纸巾擦拭，转瞬镜子洁净如新。

用一次性刷子轻松打扫洗手间

Toilet

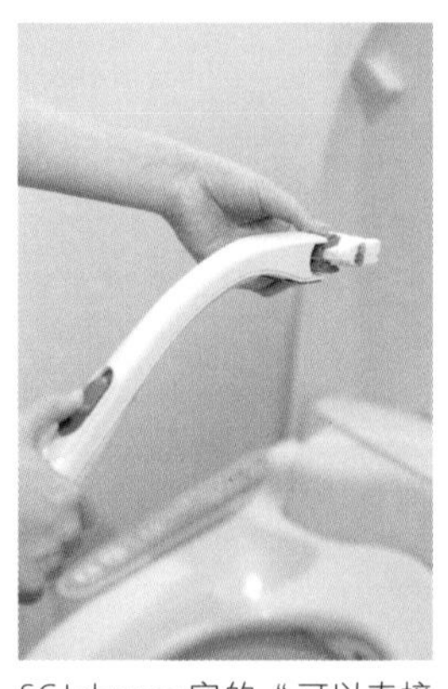

SCJohnson家的“可以直接冲走的坐便刷”，在药妆店就可以买到。

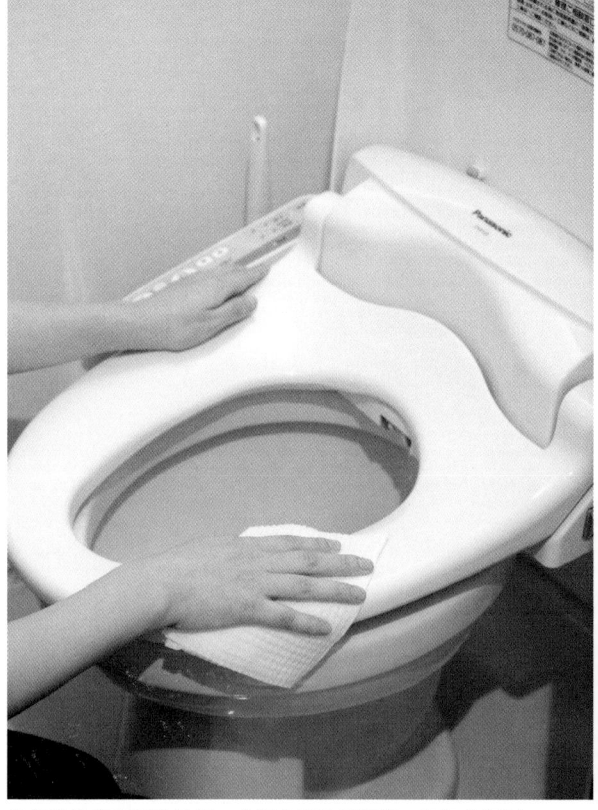

坐便器没有套便坐垫圈，方便立即动手打扫。打扫坐便时，我会顺便用除菌纸将后面的蓄水箱也擦干净。

洗手间打扫起来并不很费事，一旦发现脏污我会马上打扫，每周两三次就足够。我用静电吸尘纸打扫房间地板时，顺便也用它擦一下洗手间的地板。便座及坐便器外侧用洗手间专用清洁纸巾擦干净，内侧用“可以直接冲走的坐便刷”刷洗。最后，往蓄水箱里滴上几滴薄荷味的香氛，洗手间就打扫好啦!

我之前每次打扫完洗手间，都要清洗刷子，很麻烦，也不习惯。换成一次性坐便刷的话，打扫完后顺势冲走，再换成新的就ok了。

当自己不擅长的部分家务消失不见，不再烦恼的时候，我便发现打扫越来越勤快。

长柄刷的手柄可自行拆卸安装，只需换一下刷头，打扫房间地板时也可以用。天气晴朗时，阳台地面瞬间就能晾干，连沙子、尘土都消失得一干二净。

Balcony

阳台洒水后再用长柄刷擦洗

阳台每月打扫一到两次。

阳台打扫并不很难，我先洒水，再用刷子擦洗。简简单单的扫除，就能让阳台随时保持干净整洁，让人心情愉悦。

我很喜欢无印良品的不锈钢铁皮桶，遇到它时，正是店里进货困难的时候。它尺寸较大，除了用来打扫阳台外，还可以用来洗刷鞋子，有时用来给空气植物松萝凤梨浸浸水分。

刷子完全晾干后，就放在床铺下的收纳架上，铁皮水桶放在衣橱里最方便拿取的位置。和料理工具一样，打扫工具如果是自己中意的话，打扫的劲头自然而然就会提升。

Washing

使用顺心应手小工具，洗衣时光不再枯燥

在所有家务中，我最喜欢做的就是洗衣服，每隔两天洗衣机都要“运转”一次。

换洗收纳袋里堆放的衣物被洗得一干二净，晾衣竿上晾晒的衣物随风飘动……看得见的舒畅和清爽，心中不自觉地涌出一股成就感。

我的内衣只够用四天。第三天如果不赶紧清洗的话，我就没有可以换穿的内衣了。这正是不堆积换洗衣物的诀窍之一。

洗涤用品也全都是自己中意的。不锈钢晾衣架简约时尚，衣撑和洗涤用夹子也都是白色的，晾晒时衣服看起来协调美观。

我最近买到一台松下电器的蒸汽熨斗，很开心。它个头不大，衣服挂在衣撑上就可以直接熨烫。

衣服都是将明天要穿的提前一天准备好。准备时顺便用熨斗烫一下，第二天早上起来我就不会慌里慌张的。

这款熨斗不需要操作台，对于收纳空间十分有限的一人居来说很便利。

晾衣架是不锈钢的，材质结实，造型时尚，我很喜欢。

换洗衣物放在KitchenKitchen家的收纳袋里，袋子是米白色的，朴素安静，一点也不显眼。

在阳台上洗刷鞋子，将洗衣粉放进水桶，待溶解后，再用刷子刷洗。晾鞋子的鞋撑是在百元店买的。有了它，鞋子不会变形，也很容易晾干。

第 7 章

将小兴奋
播撒到日常

自行车是Bridgestone（普利司通）的“Anchor”系列，车体小巧，适合小个子的女生骑用。出于防盗和保洁，平时就放在房间里。整体轻便，每逢出门，就连瘦小的我都可以不费吹灰之力轻轻松松搬出去。

Cycling

休息日早晨骑上自行车去遛街

休息日早上7点左右起床，清洗完需要换洗的亚麻类物品后，开启崭新的一天！

周末扫除结束后，我通常会骑上自行车去早上就开始营业的咖啡厅，尤其是星巴克，或者去买早餐吃的面包。

清晨车辆或行人都很少，路况适合骑自行车，有时我会发现一些很有意思的店铺，平时坐车的话很容易忽略它们。我经常去的面包店就是骑自行车溜达时不经意间“邂逅”的。

早点起床的话，不仅家务可以做得井井有条，也能保证有充裕的自我时间，给自己一个充实有趣的休息日。

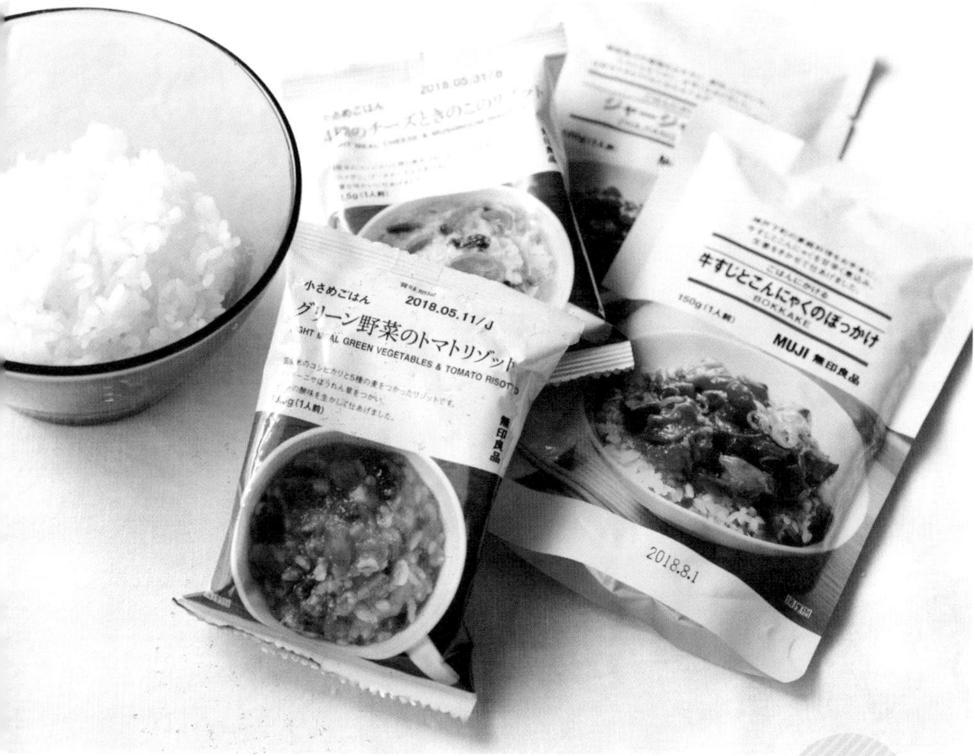

我最喜欢的“拌饭酱”系列酱料，只需注入开水就能够立即享用，种类丰富，让人可以品尝到多样风味。

不想做家务时就尽情偷懒

虽然我比较喜欢做家务，但是并不是说总能做得十全十美。工作繁忙，或者身边有很多不得不操心的事情而使自己变得手忙脚乱时，我就没有做家务的心情了。这时，并不用勉强自己非要去做。

肚子饥饿时，我就拿出储存的无印良品“拌饭酱”系列酱料，或者是袋装咖喱等速食品来对付。做完扫除后，给自己买上一份点心算作奖励，说不定还能够激发做家务的动力。

即便如此，我还是没有心情的话，那就什么也不做，什么都不要考虑。家务一天不做，对生活也不会有什么妨碍。尽情放松自我，懒洋洋地过上一天，第二天醒来，我就会精神抖擞：“争取把昨天补回来！”

金钱管理和自我投资

要想管理金钱收支，记手账当然可以，但是出门的话手账不方便拿取，我在自动售货机或贩售摊亭买东西时的零碎花费常常会漏记。换作手机记账的话，它简单轻便，还能防止遗忘花费。

自从我学会管理物品，就不乱花钱，也不冲动购物了，平时尽量自己动手做饭……自从开启极简生活后，平日里我就很注意节俭。

对于金钱管理，我用的是手机家计簿APP。它不仅能记录收支，加上名目划分较为细致，在哪里花了多少钱，可以说是一目了然。名目可根据个人的生活情况自行设置。小票直接用APP扫描记录。

之前我都是用手账记录，但总是忘了记，对自己到底花了多少钱并没有太好的把握。用手机APP的话，多亏有图表功能，我基本可以做到明晰无误。家计簿APP我从一年前开始用，好在一直坚持，并没有“三天打渔，两天晒网”。

（左）我稍微咬咬牙才下决心购买的香水，有了它，感觉仿佛就能变为富有魅力的成熟女性。
（右）我最近学起了英语，重新拾起了学生时代的教科书，还专门买了函授教材，每月花费5000日元左右。

如果有旅行或参加音乐节的计划，我就提前做好预算，一点点攒钱，这样的话，玩起来时就无须担心钱是不是够花，只管尽情享受就好。

除此之外，在力所能及的情况下，我会进行自我投资和“充电”，比如牙齿矫正、脱毛等，最近还学起了英语。

虽然称不上什么节约术，我只有两个银行账户，一个用于平时花销，一个用来存钱，账户分开管理。平时花销用的账户，主要是支出必需的生活费、游玩费等，两个账户不仅方便管理，也能够和节俭挂钩。

Travel

旅行是对自己的褒奖

每年我都会旅行两三次，目的地大多是自己之前没有去过的，结合当地景点好好斟酌一番后才做决定。不论城市还是自然，我都很喜欢。

旅行时，观光当然很重要，但投宿的旅馆或酒店也是乐趣之一。拿三天两晚的旅行来说，我通常都会这样计划：第一晚尽可能住商务酒店，好节省开支；第二晚会选择入住提供美味料理且带温泉的有名旅馆……

除了观光，我一般也会带上自己的小目的去旅行。比如，我喜欢和果子，所以会找找只有在当地才能品尝到的点心老铺，或者是淘一淘陶器类的。

旅行是对自己的褒奖。放开心情尽情享受之后，我就会再次元气满满地投入工作或家务。

野营、音乐节……享受户外生活

父母都喜欢户外活动，父亲曾经还担任过童军队队长。我自己也有过童军经历，野营、远足等室外活动犹如家常便饭。足够全家人用的帐篷、睡袋等，老家都可以一站式备齐。

现在虽然一个人生活，但是时不时地仍会和朋友一起去露营或参加音乐节。虽然我也想过配置一套完整的野营用品，但是限于房间的收纳空间，一直是借朋友的来用（一起参加的同伴一般会带野营用品，我只准备睡袋就够了）。

置身于一个与平时完全不同的环境中，品尝美食，聆听音乐，转换一下心情，每次参加，我都感觉自己又重新焕发了活力。

我一直以“旅行宜轻装上阵”为信条。

在社交平台上，我会时不时地介绍和分享一些旅行时准备的物品，很多人被我的“轻装”惊讶到。

我想，旅行时尽量少带物品，应该是活用了参加童军活动时的经验。

野外活动通常会有露营，行李太多的话，来回搬运很不方便。所以在准备行李时，我会争取将必需物品最少化，带少量的可以灵活穿搭的衣服，尽可能将包裹压缩到最小。

例如，如果是三天两夜的旅行，第一天穿连衣裙和裤子，第二天仍穿第一天穿过的裤子，搭配其他上衣，第三天用紧身裤搭配第一天穿的连衣裙。

内衣等装入可封口塑料袋，尽量排净袋中空气，以及压缩收纳。

旅行时，我会装上一两条手巾来代替手绢。手巾展开的话可以作运动毛巾，折叠起来可以当手绢，打湿后立马就能晾干，一物多用，很方便，其他的旅行用品大体每次都一样。

回老家省亲的话，距离较远且需要换乘，所以我通常会先用宅急便等快递将行李寄回去。

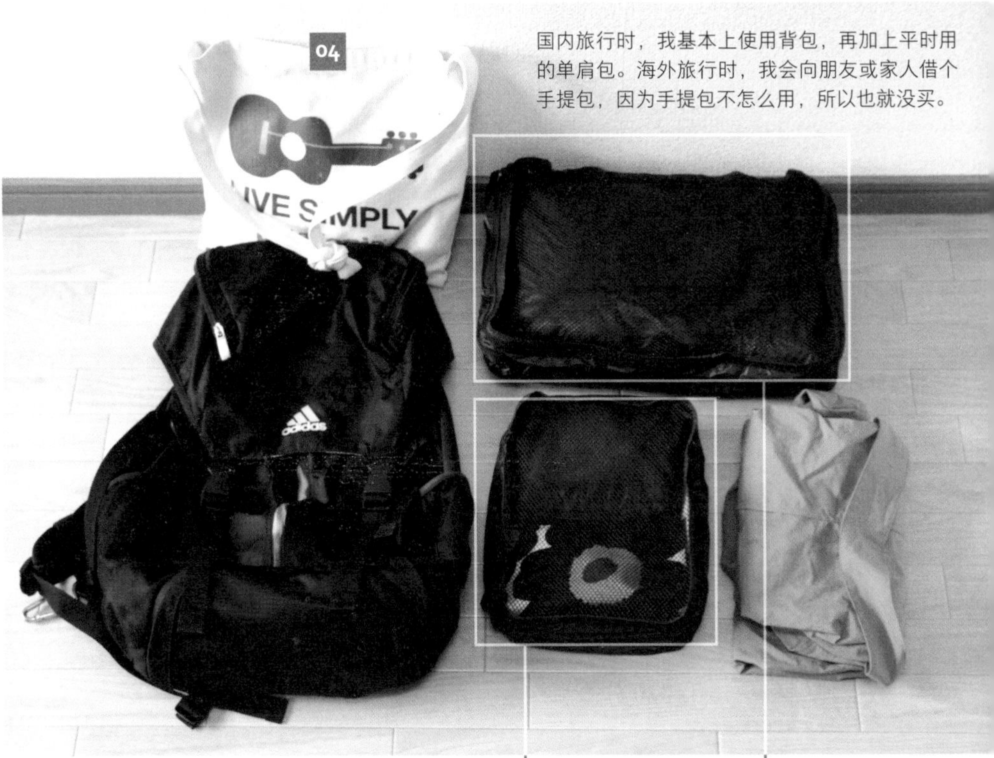

国内旅行时，我基本上使用背包，再加上平时用的单肩包。海外旅行时，我会向朋友或家人借个手提包，因为手提包不怎么用，所以也就没买。

旅行准备

01 旅行用的小号卸妆水、洗面奶、多合一美容液（代替化妆水和乳液）、洗脸打泡网、发蜡、首饰盒。

02 化妆包。

03 刷牙套装、手巾。

04 手机充电器、移动电源、钱包、手机。

05 连衣裙、内衣、外套、睡衣等。

从社交平台收获鼓励与感动

Com-munivation

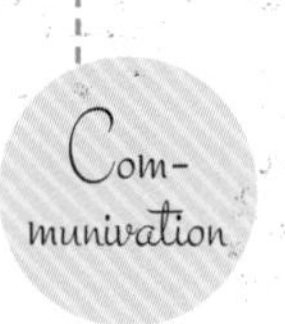

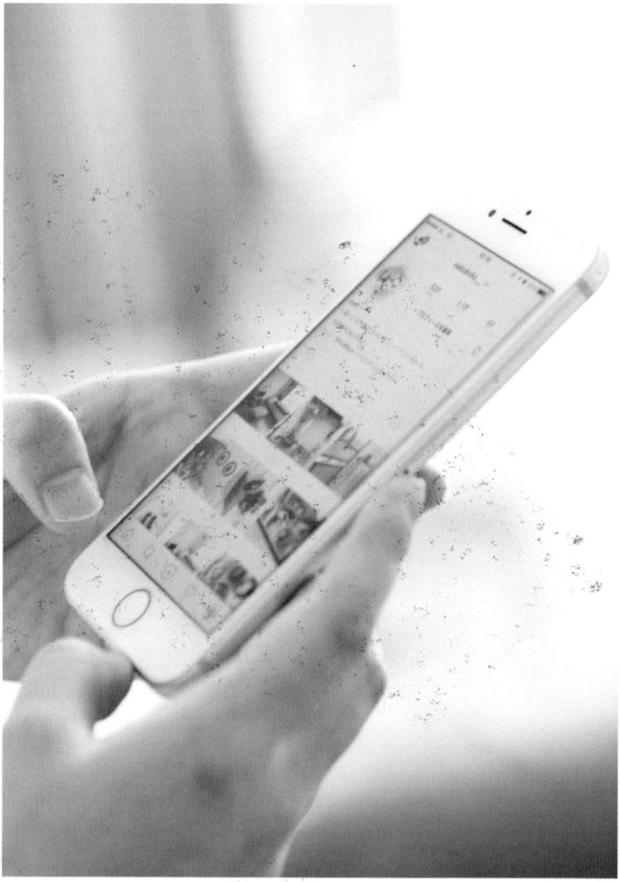

在社交平台上公开自己的部分生活，因为阅读对象较多且不固定，可以说有一定的风险。不过撇开这点，退一步来说，这正是重新审视自我或所居住场所的宝贵机会。

刚开始使用社交平台时，我纯粹就是想记录下自己的断舍离日记。

但不知不觉间，很多人阅读到平台上发布的内容，既有深表同感的，也有给我提出真挚性建议的。现在，社交平台已成为我生活中不可或缺的一部分。

社交平台不仅仅用来上传并分享有关房间里的变化、打扫记录的照片，更是我客观审视自己所居住的场所以及自我生活的契机。

想要上传照片时，我就会时刻自觉保持房间干净，也会督促自己磨练提升厨艺。蓦然间，这已成为自己将“极简生活”坚持下去的原动力。

DE CADEAU

后　记

父亲曾担任过童军队队长，我在小学二年级时也开始加入童军队伍。小时候参加志愿服务或野外活动时，我根本没有考虑太多，一切顺其自然。但如今回想起来，那些看似不经心的体验对后来的自己影响深远、助益良多，以往的经历一点儿也没有白费。

野营时，固定帐篷的桩子如果坏掉的话，我就找差不多的石头来代替。支帐篷的绳子不够时，就接上自己随身携带的绳子。野炊用饭盒做饭时，若是忘了带计量杯，就用手指量水。准备行李时，尽量事先做好计划，只带必需品，轻装出行……打包的方法，也是上小学时学会的。

与平时的生活相比，户外活动很不方便。但在我看来，稍微下点功夫的话，户外时光照样能够过得很开心，这些野营技巧可以说早已被我牢牢掌握。

此外，制订时间规划，灵活调整……浑然不觉间，童军经验早已在自己的生活中到处留下印记……

一路摸索并寻找适合自己的极简生活，转眼快两年了。

作为普通白领中的一员，我一直以来都过着平凡的生活，根本没有想到，出版社的编辑通过社交平台联系到我，提出想把我发表的这些内容结集成书的想法。我想，这一切都是多亏了平日里阅览平台并真诚提出建议的读者，我发自内心地表示感谢！

在此，我还想感谢在撰写本书的过程中，耐心地一点点向什么也不懂的我提供建议和想法的すばる出版社编辑，还有比任何人都更期盼本书出版的家人和朋友。

我想，将自己的生活撰写成书，单凭个人之力显然是不大可能的。感激之情，无以言表。

如果你读到这本小书后能够有所共鸣：“好想立马着手实践！一个人的生活也可以过得如此精致！”我就会感到由衷的欣慰。

Shoko

图书在版编目（CIP）数据

我，独自生活/(日) Shoko著；王菲译.--济南：山东人民出版社，2020.11

ISBN 978-7-209-12874-2

Ⅰ.①我… Ⅱ.①S… ②王… Ⅲ.①家庭生活-基本知识 Ⅳ.①TS976.3

中国版本图书馆CIP数据核字(2020)第152426号

SEMAKUTEMO ISOGASHIKUTEMO OKANE GA NAKUTEMO DEKIRU TEINEINA HITORIGURASHI by shoko

Original Japanese edition published by Subarusya Corporation.

This Simplified Chinese language edition published by arrangement with Subarusya Corporation, Tokyo in care of Tuttle-Mori Agency, Inc., Tokyo through Shinwon Agency Co., Beijing Representative Office.

山东省版权局著作权合同登记号 图字：15-2020-147

我，独自生活

WO，DUZI SHENGHUO

〔日〕Shoko 著 王菲 译

主管单位 山东出版传媒股份有限公司
出版发行 山东人民出版社
出 版 人 胡长青
社 址 济南市英雄山路165号
邮 编 250002
电 话 总编室（0531）82098914
市场部（0531）82098027
网 址 http://www.sd-book.com.cn
印 装 济南龙玺印刷有限公司
经 销 新华书店

规 格 32开（148mm×210mm）
印 张 4
字 数 80千字
版 次 2020年11月第1版
印 次 2020年11月第1次
ISBN 978-7-209-12874-2
定 价 38.00元
如有印装质量问题，请与出版社总编室联系调换。